普通高等教育土建学科专业『十一五』规划教材
全国高职高专教育土建类专业教学指导委员会规划推荐教材

# 园林计算机辅助设计

（园林工程技术专业适用）

本教材编审委员会组织编写

赵 芸 主编
季 翔 主审

中国建筑工业出版社

图书在版编目(CIP)数据

园林计算机辅助设计／本教材编审委员会组织编写. —北京：中国建筑工业出版社，2008

普通高等教育土建学科专业"十一五"规划教材. 全国高职高专教育土建类专业教学指导委员会规划推荐教材. 园林工程技术专业适用

ISBN 978-7-112-10096-5

Ⅰ.园… Ⅱ.本… Ⅲ.园林设计：计算机辅助设计-高等学校：技术学校-教材 Ⅳ.TU986.2-39

中国版本图书馆 CIP 数据核字（2008）第 069090 号

本书是根据高等职业教育的特点，结合对园林工程技术专业应用型人才的要求编写的。本书分为两部分，第一部分介绍了 AutoCAD 2004 绘制二维平面图的基本功能和方法及应用实例，介绍 AutoCAD 绘制园林工程施工图和园林建筑施工图的方法。第二部分介绍了 Photoshop 8.0 的基本知识，图形如何从 CAD 导入到 Photoshop 及园林绿化平、立、剖面表现图的制作。通过这些实例讲解，可以在较短的时间内掌握电脑制作的方法和技巧。

本书主要作为高职高专园林工程技术专业及其他相关专业教材，也可作为在职培训或供有关工程技术人员参考。

责任编辑：朱首明　杨　虹
责任设计：赵明霞
责任校对：王雪竹　孟　楠

普通高等教育土建学科专业"十一五"规划教材
全国高职高专教育土建类专业教学指导委员会规划推荐教材

## 园林计算机辅助设计
（园林工程技术专业适用）
本教材编审委员会组织编写
赵　芸　主编
季　翔　主审

\*

中国建筑工业出版社出版、发行（北京西郊百万庄）
各地新华书店、建筑书店经销
北京嘉泰利德公司制版
北京富生印刷厂印刷

\*

开本：787×1092 毫米　1/16　印张：10½　字数：246 千字
2008 年 10 月第一版　2012 年 8 月第四次印刷
定价：22.00 元
ISBN 978-7-112-10096-5
（16899）

版权所有　翻印必究
如有印装质量问题，可寄本社退换
（邮政编码　100037）

# 序　言

　　全国高职高专教育土建类专业教学指导委员会建筑类专业指导分委员会是住房和城乡建设部受教育部委托，由住房和城乡建设部聘任和管理的专家机构。其主要工作任务是，研究如何适应建设事业发展的需要设置高等职业教育专业，明确建设类高等职业教育人才的培养标准和规格，构建理论与实践紧密结合的教学内容体系，构筑"校企合作、产学结合"的人才培养模式，为我国建设事业的健康发展提供智力支持。

　　在住房和城乡建设部人事教育司和全国高职高专教育土建类专业教学指导委员会的领导下，自成立以来，全国高职高专教育土建类专业教学指导委员会建筑类专业指导分委员会的工作取得了多项成果，编制了建筑类高职高专教育指导性专业目录；在重点专业的专业定位、人才培养方案、教学内容体系、主干课程内容等方面取得了共识；制定了"建筑装饰技术"等专业的教育标准、人才培养方案、主干课程教学大纲；制定了教材编审原则；启动了建设类高等职业教育建筑类专业人才培养模式的研究工作。

　　全国高职高专教育土建类专业教学指导委员会建筑类专业指导分委员会指导的专业有建筑设计技术、室内设计技术、建筑装饰工程技术、园林工程技术、中国古建筑工程技术、环境艺术设计6个专业。为了满足上述专业的教学需要，我们在调查研究的基础上制定了这些专业的教育标准和培养方案，根据培养方案认真组织了教学与实践经验较丰富的教授和专家编制了主干课程的教学大纲，然后根据教学大纲编审了本套教材。

　　本套教材是在高等职业教育有关改革精神指导下，以社会需求为导向，以培养实用为主、技能为本的应用型人才为出发点，根据目前各专业毕业生的岗位走向、生源状况等实际情况，由理论知识扎实、实践能力强的双师型教师和专家编写的。因此，本套教材体现了高等职业教育适应性、实用性强的特点，具有内容新、通俗易懂、紧密结合实际、符合高职学生学习规律的特色。我们希望通过这套教材的使用，进一步提高教学质量，更好地为社会培养具有解决工作中实际问题的有用人才打下基础。也为今后推出更多更好的具有高职教育特色的教材探索一条新的路子，使我国的高职教育办得更加规范和有效。

全国高职高专教育土建类专业教学指导委员会建筑类专业指导分委员会
2008.5

# 前　言

　　本书是根据高等职业教育的特点，结合对园林工程技术专业应用型人才的要求编写的。全书立足于教育部关于"培养与社会主义现代化建设相适应、德智体美等全面发展，具有综合职业能力，在生产、服务、技术和管理第一线工作的应用型专门人才和劳动者的培养目标，符合人才培养规律和教学规律，注意学生知识能力和素质的全面发展。

　　为了适应高职高专园林工程技术专业人才培养目标的要求，本书比较全面地介绍了 Autodesk 公司的 AutoCAD 2004 与 Adobe 公司的 Photoshop8.0 在园林制图中的相关知识，并结合实例，由浅入深地介绍这两种软件在该领域应用中的便捷的方法和技巧，文中将园林制图要求与软件的操作应用融为一体，使本书具有很强的实用性。本书分为两大部分，第一部分介绍了 AutoCAD 2004 绘制二维平面图的基本功能和方法及应用实例，介绍 AutoCAD 绘制园林工程施工图和园林建筑施工图的方法。第二部分介绍了 Photoshop8.0 的基本知识，图形如何从 CAD 导入到 Photoshop 及园林绿化平、立、剖面表现图的制作。通过这些实例讲解，可以在较短的时间内掌握电脑制图的方法和技巧。

　　参加本书编著的人员：赵芸、陈响亮、邬京虹、林婷婷。

　　由浙江建设职业技术学院赵芸任主编，陈响亮任副主编。其中赵芸编写第1、4、5、7章及第8章的第8.3节；陈响亮编写第9、10章；邬京虹编写第3、6章及第8章的第8.1、8.2节；林婷婷编写第2章。徐州建筑职业技术学院季翔任主审，在此一并表示感谢。

　　本套教材的封面图片由北京林业大学王向荣教授提供，在此表示衷心的感谢。

　　由于我们水平有限，书中难免会出现错误或不妥之处，恭请各兄弟学校和读者给予批评指正。我们深表谢意！

编　者

# 目 录

**第1章 概述** ······································································· 1
   1.1 计算机在园林绘图方面的应用现状及前景 ·········· 2
   1.2 主要应用软件 AutoCAD 2004 中文版、Photoshop 8.0 简介 ········ 2
   1.3 本课程主要内容与考核方式 ························· 4

**第2章 AutoCAD 2004 的基本操作** ································· 5
   2.1 AutoCAD 2004 的显示界面 ························· 6
   2.2 AutoCAD 2004 绘图辅助工具 ····················· 8
   2.3 AutoCAD 2004 的命令输入 ······················ 15
   2.4 文件操作 ···················································· 16
   2.5 图形界限的设置 ········································· 20
   2.6 AutoCAD 2004 的坐标系统 ······················ 20
   复习思考题 ························································· 21

**第3章 AutoCAD 2004 的绘图命令** ······························ 23
   3.1 基本绘图命令 ············································ 24
   3.2 几何图形的绘制 ········································· 27
   3.3 高级绘图命令 ············································ 35
   复习思考题 ························································· 44

**第4章 AutoCAD 2004 的图形编辑命令** ······················ 45
   4.1 构造选择集 ··············································· 46
   4.2 基本编辑命令 ············································ 47
   4.3 高级编辑命令 ············································ 61
   4.4 夹点的编辑 ··············································· 64
   复习思考题 ························································· 65

**第5章 图层、线型、颜色与对象特性** ······························ 67
   5.1 图层、线型、颜色 ···································· 68
   5.2 对象特性 ·················································· 73
   复习思考题 ························································· 74

**第6章 图案填充、图块与属性** ··········································· 75
   6.1 图案填充 ·················································· 76
   6.2 图块与属性 ··············································· 79
   复习思考题 ························································· 85

## 第7章 文本注写与尺寸标注 ··· 87
### 7.1 文本注写 ··· 88
### 7.2 尺寸标注 ··· 93
### 复习思考题 ··· 107

## 第8章 园林施工图的专题练习 ··· 109
### 8.1 园林设计图的基本知识 ··· 110
### 8.2 园林工程施工图的绘制 ··· 111
### 8.3 园林建筑施工图的绘制 ··· 118

## 第9章 Photoshop 的基础知识 ··· 131
### 9.1 认识 Photoshop ··· 132
### 9.2 工作界面 ··· 134
### 9.3 常用工具 ··· 136
### 9.4 编辑菜单 ··· 140
### 复习思考题 ··· 142

## 第10章 实例 ··· 143
### 10.1 从 CAD 导入到 Photoshop ··· 144
### 10.2 园林绿化设计平面表现图制作 ··· 148
### 10.3 园林绿化设计剖立面表现图制作 ··· 154

## 参考文献 ··· 159

园林计算机辅助设计

第1章 概述

## 1.1 计算机在园林绘图方面的应用现状及前景

计算机辅助设计又称 CAD（Computer Aided Design），是指利用计算机的计算功能和高效的图形处理能力，对产品进行辅助设计分析、修改和优化。它综合了计算机知识和工程设计知识的成果，并且随着计算机硬件性能和软件功能的不断提高而逐渐完善。目前在计算机辅助设计领域，已涌现出数以千计的软件。

由于园林绘图所涉及的各种元素异常丰富、所绘制的地形复杂多变、信息量极大，对软件性能要求高而用户少，故在国内一直没有广泛应用的园林绘图专业主流软件。目前，常用于绘制园林图的软件，可大致分平面图绘制软件和表现图绘制软件两大类。

AutoCAD 是美国 Autodesk 公司开发的计算机辅助绘图设计软件包。它作为一个通用平面设计软件，以其精确、易于掌握的特点，成为个人计算机 CAD 系统中的主流图形设计软件。在绘制园林图中，AutoCAD 主要用于绘制各类平面图、园林小品三维图和效果表现图的建模，不仅方便快捷，而且便于与其他专业的规划设计工作接轨，实现一定的资源共享。尤其对一些需多个单位参与配套设计的建设项目，更可大幅度地提高工作效率，在底图数据共享、设计交叉调整、设计修改变更、图纸成果输出等方面，达到了很高的效率。当前使用广泛的版本是 AutoCAD 2004 中文版。本文以 AutoCAD 2004 为基础，对 AutoCAD 在园林工程中的应用作了全面深入的介绍。

在二维渲染图里面，AutoCAD 发挥着相当重要的作用，因为它所绘制的二维建筑线框图是我们进行二维渲染的基础。我们利用 AutoCAD 自身强大的绘图功能，可以准确地将设计师的设计意图表现出来，为二维渲染的精确程度作出有力的保障。AutoCAD 绘制出的平面图是进行二维渲染的基础。

渲染阶段和后期处理阶段，常用软件是 Photoshop，Photoshop 是 Adobe 公司开发的一种功能强大的平面图像处理软件，其最初是为照片的后期处理开发的，现在已广泛用于各种效果图的绘制渲染。当前使用广泛的 Photoshop 8.0，不仅能对图片进行各种格式的转换和各种色彩处理，还具有各种绘图工具和滤镜，并具有强大的图层处理功能，处理出的效果图效果直观、迅速、逼真。

## 1.2 主要应用软件 AutoCAD 2004 中文版、Photoshop 8.0 简介

### 1.2.1 AutoCAD 2004 软件简介

AutoCAD 2004 是 Autodesk 公司 2003 发布的最新版计算机辅助设计软件，是一套集平面作图、三维造型、数据库管理、渲染着色、国际互联网等功能于一体的强力设计软件。AutoCAD 2004 具有支持微机环境、操作简便、兼容性好、开放结构、便于二次开发等优点，能够满足不同层次用户的需求，是最受欢迎的图形软件之一。

中文版 AutoCAD 2004 采用了 XP 风格的界面，所有工具栏的图标都是真彩色的、蓝色基调，看起来很漂亮。AutoCAD 2004 终于开始完全支持无限次地撤消和恢复操作，在图层管理方面功能有所加强，如现在可以保存调出图层状态、将图层状态存盘、图层拷贝、图层转换等。此外，AutoCAD 2004 还提供了一个非常实用的保密功能，当用户保存文件时，可以在文件"另存为"对话框右上角找到一个"工具"下拉列表项名为"安全选项"的命令，如图1-1所示。

图 1-1　安装选项卡

## 1.2.2　AutoCAD 2004 安装方法

（1）AutoCAD 2004 安装前，将计算机的其他应用程序关闭，包括防病毒程序。在启动安装程序后，出现如图 1-1 所示的安装选项卡，单击"安装"标签，进入安装过程。

（2）在出现的"欢迎使用 AutoCAD 2004 安装向导"对话框中，单击"下一步"。

（3）对出现的"Autodesk 软件许可协议"窗口，必须接受协议才能完成安装。请单击"我接受"，然后单击"下一步"。

（4）在"序列号"对话框中，输入所购 AutoCAD 2004 产品序列号，单击"下一步"。

（5）在"用户信息"对话框中，输入用户信息，单击"下一步"按钮。

（6）在"选择安装类型"对话框中，指定所需的安装类型，然后单击"下一步"。

（7）在"目标文件夹"对话框中，要求指定 AutoCAD 2004 的安装路径，系统默认的安装路径是：C:\program file\AutoCAD 2004，可执行下列操作之一：

● 单击"下一步"接受默认的目标文件夹；

● 输入路径或单击"浏览"，指定在其他驱动器和文件夹中安装 AutoCAD 2004，单击确定，然后单击"下一步"。

（8）在"选项"对话框中，可选择是否在桌面上显示 AutoCAD 2004 快捷方式图标。

（9）在"开始安装"对话框中，单击"下一步"开始安装。

（10）显示"更新系统"对话框，其中显示安装进度，安装完成后，将显示"安装完成"对话框。

（11）在"安装完成"对话框中，单击"完成"。

（12）如有重新启动计算机的提示，请重新启动。

## 1.2.3　AutoCAD 2004 系统的启动

可以用不同的方法启动 AutoCAD 2004 系统，常用的方法是：

（1）双击快捷图标

双击 Windows 桌面上的 AutoCAD 2004 系统快捷图标 。

（2）由 Windows "开始"按钮

通过 Windows "开始"按钮，即：开始→程序→Autodesk→AutoCAD 2004 - Simplified Chinese→AutoCAD 2004。

### 1.2.4 Photoshop 8.0 简介

Adobe 公司的 Photoshop 是目前功能最强大的图形图像处理工具软件，Photoshop 8.0 功能强大，是二维渲染所必备的软件，也是最实用的软件，在 Photoshop 8.0 中，对图层、通道和路径都做到了真正的无限制，可以用它在二维渲染中建立更多的图层、通道和路径以丰富表现形式，使作品更具表现力，建筑的感觉能够更准确更生动地表现出来。

### 1.2.5 Photoshop 8.0 安装

PhotoshopCS 是一个标准的图像处理软件，其安装方法也是标准的。

打开安装盘，双击 Setup.exe 文件，运行安装程序后，会出现一些信息需要确认和填写，如是否接受协议、选择国家和地区、填写个人信息及产品序列号等，大家只需跟随提示一步一步地执行即可。通常情况下，安装过程会顺序地进行。

### 1.2.6 Photoshop 8.0 启动

单击任务栏的"开始"→"程序"→"Adobe"菜单下，单击 Photoshop 8.0 图标即可启动该程序。为了方便工作，可以将 Photoshop 8.0 图标放置在桌面上。

## 1.3 本课程主要内容与考核方式

### 1.3.1 本课程主要内容

本课程主要结合园林绘图的特点介绍 AutoCAD 2004 和 Photoshop 8.0，主要内容有：AutoCAD 基本操作、AutoCAD 绘图命令、AutoCAD 图形编辑命令、图层的设置、文字与标注、图案填充、图块和属性、园林施工图专题训练、Photoshop 基础知识、常用工具、园林平、立、剖面渲染图、图册排版。从实用的角度出发，注重讲练结合和应用能力的培养。

### 1.3.2 本课程考核方式

学好计算机辅助设计的关键就是勤加练习，只有这样才能逐渐熟悉操作指令或过程。因为绘图软件的指令都是以一定的步骤、信息提供给使用者，所执行指令过程、操作都有信息提示，这些提示指引如何继续执行下一步操作，而初学者只有多练习才能熟悉这些操作。操作次数越多，印象也就越深刻。上机练习越多，遇到的问题也会越多，解决问题的过程就是一种最好的学习，百学不如一练。所以本课程的考试以上机考试为主。

# 第 2 章　AutoCAD 2004 的基本操作

## 2.1 AutoCAD 2004 的显示界面

中文版 AutoCAD 2004 的工作界面主要由标题栏、菜单栏、工具栏、绘图窗口、文本窗口与命令行、状态栏和工具选项板窗口等部分组成。启动中文版 AutoCAD 2004 后,其工作界面如图 2-1 所示。

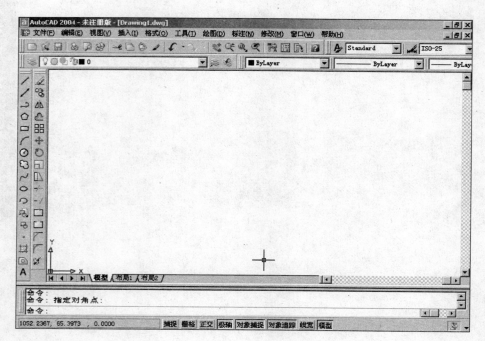

图 2-1 中文版 AutoCAD 2004 的工作界面

### 2.1.1 标题栏

在工作界面的标题栏中,从左向右分别显示 AutoCAD 2004 的图标,当前所操作的图形文件的名字(AutoCAD 的默认文件名为:"Drawing N","N"为数字)。单击标题栏右端的 按钮,可以最小化、最大化或关闭程序窗口。单击 AutoCAD 2004 的图标,会弹出一个 AutoCAD 窗口控制下拉菜单,利用该下拉菜单中的命令,可以进行最小化或最大化窗口、恢复窗口、移动窗口或关闭 AutoCAD 等操作。

### 2.1.2 绘图窗口

绘图窗口是用户绘图的工作区域,所有的绘图结果都反映在这个窗口中。用户可以根据需要关闭其周围和里面的各个工具栏,以增大绘图空间。如果图纸比较大,需要查看未显示部分时,可以单击窗口右边与下边滚动条上的箭头按钮,或拖动滚动条上的滑块来移动图纸。

在绘图窗口中除了显示当前的绘图结果外,还显示当前使用的坐标系统类型以及坐标原点、X、Y、Z 轴的方向等。默认情况下，坐标系为世界坐标系（WCS）。

绘图窗口的下方有"模型"和"布局"选项卡，单击它们可以在模型空间或图纸空间之间来回切换。

### 2.1.3 光标

光标位于 AutoCAD 的绘图窗口时，为十字形状，称为"十字光标"。十字光标的交点为光标的当前位置。在下拉菜单【工具/选项/显示】可以调整十字光标的长度。AutoCAD 的光标用于绘图、选择对象等操作。

### 2.1.4 命令行窗口

命令行窗口是 AutoCAD 显示用户输入命令和提示信息的区域。默认设置命令行窗口为 3 行，显示最后 3 次所执行的命令和提示信息。在中文版 AutoCAD 2004 中，命令行可以拖放为浮动窗口，如图 2-2 所示。

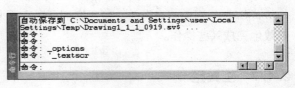

图 2-2　中文版 AutoCAD 2004 的命令行

### 2.1.5 状态栏

状态栏用来显示 AutoCAD 当前的作图状态，如当前鼠标指针所在处的坐标、命令和功能按钮的说明等。

状态栏也包含 8 个功能按钮，用于显示和控制"捕捉"、"栅格"、"正交"、"极轴"、"对象捕捉"、"对象追踪"、"线宽"的状态和"模型"或"图纸"空间，如图 2-3 所示。

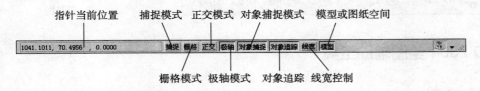

图 2-3　AutoCAD 状态栏

### 2.1.6 菜单栏与快捷菜单

（1）下拉菜单栏

中文版 AutoCAD 2004 的菜单栏由"文件、编辑、视图、插入、格式、工具、绘图、尺寸标注、修改、窗口和帮助 11 个一级菜单组成，把鼠标指针移至菜单栏中某一菜单名上，并单击左键，即可打开该菜单。

AutoCAD 2004 的下拉菜单具有如下性质：

1）有效菜单和无效菜单：有效菜单以黑色字符显示，用户可选取、执行其命令功能。无效菜单以灰色字符显示，用户不可选取、也不能执行命令功能。

2）带"▸"号的菜单项：菜单项右面有"▸"表示该菜单项具有下一级子菜单。

3）带"..."号的菜单项：菜单项右面有"..."，表示选择该菜单项后将显示一个对话框。

4）带快捷键的菜单项：一般快捷键由几个按钮组合而成，用户可在不打开菜单的情况下，直接按快捷键，执行相应的菜单命令。在下拉菜单项后面的组合按钮即为该菜单项的快捷键。

（2）快捷菜单

快捷菜单又称为上下文相关菜单。在绘图区域、工具栏、状态栏、模型与布局选项卡以及一些对话框上单击鼠标右键将弹出快捷菜单。该菜单中的命令与 AutoCAD 的当前状态有关。使用它们可以在不必启动菜单栏的情况下快速、高效地完成某些操作。

### 2.1.7 工具栏

工具栏是应用程序调用命令的另一种方式，它包含许多由图标表示的命令按钮。在 AutoCAD 中，系统提供了 20 多个已命名的工具栏。默认情况下，"标准"、"属性"、"绘图"、和"修改"等工具栏处于打开状态，如图 2-4 为处于浮动状态的"标准"工具栏和"绘图"工具栏。

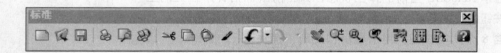

图 2-4 "标准"工具栏和"绘图"工具栏

## 2.2　AutoCAD 2004 绘图辅助工具

### 2.2.1　捕捉对象上的点

在使用绘图的过程中，经常要指定一些点，而这些点是已有对象上的点，例如端点、圆心、两个对象的交点等，这时，如果只是凭用户的观察来拾取它们，无论怎样小心，都不可能非常准确地找到这些点。为此，AutoCAD 提供了对象捕捉功能，可以帮助用户迅速、准确地捕捉到某些特殊点，从而能够精确地绘制图形。

（1）打开对象捕捉功能

在中文版 AutoCAD 2004 中，可以通过"对象捕捉"工具栏、"草图设置"对话框等方式调用对象捕捉功能。

1）临时对象捕捉

"临时对象捕捉"工具栏如图2-5所示。

在绘图过程中，当要求用户指定点时，单击该工具栏中相应的特征按钮，再把光标移到要捕捉对象上的特征点附近，即可捕捉到相应的对象特征点。"对象捕捉"工具栏如图2-5所示。名称和功能见表2-1。

图2-5 "对象捕捉"工具栏

表2-1 对象捕捉工具及其功能

| 图标 | 名称 | 功能 |
|---|---|---|
| ┅ | 临时追踪点 | 创建对象捕捉所使用的临时点 |
| ┌ | 捕捉自 | 从临时参照点偏移 |
| ╱ | 捕捉到端点 | 捕捉到线段或圆弧的最近端点 |
| ╱ | 捕捉到中点 | 捕捉到线段或圆弧等对象的中点 |
| ✕ | 捕捉到交点 | 捕捉到线段、圆弧、圆等对象之间的交点 |
| ✕ | 捕捉到外观交点 | 捕捉到两个对象的外观的交点 |
| ---- | 捕捉到延长线 | 捕捉到直线或圆弧的延长线上的点 |
| ◉ | 捕捉到圆心 | 捕捉到圆或圆弧的圆心 |
| ◈ | 捕捉到象限点 | 捕捉到圆或圆弧的象限点 |
| ○ | 捕捉到切点 | 捕捉到圆或圆弧的切点 |
| ⊥ | 捕捉到垂足 | 捕捉到垂直于线、圆或圆弧上的点 |
| ∥ | 捕捉到平行线 | 捕捉到与指定线平行的线上的点 |
| ⌘ | 捕捉到插入点 | 捕捉到块、图形、文字或属性的插入点 |
| ∘ | 捕捉到节点 | 捕捉到节点对象 |
| ⅄ | 捕捉到最近点 | 捕捉离拾取点最近的线段、圆、圆弧或点等对象上的点 |
| ⌀ | 无捕捉 | 关闭对象捕捉模式 |
| ⍰ | 对象捕捉设置 | 设置自动捕捉模式 |

第2章 AutoCAD 2004的基本操作

2）使用自动捕捉功能

在绘制图形的过程中，使用对象捕捉的频率非常高。如果在每捕捉一个对象特征点时都要先选择捕捉模式，将使工作效率大大降低。为此，AutoCAD 又提供了一种自动对象捕捉模式。

所谓自动捕捉，就是当用户把光标放在一个对象时，系统自动捕捉到该对象上所有符合条件的集合特征点，并显示出相应的标记。如果把光标放在捕捉点上多停留一会，系统还会显示该捕捉的提示。这样，用户在选点之前，就可以预览和确认捕捉点。

要打开对象捕捉模式，可在【工具/草图设置】对话框的【对象捕捉】选项卡中，先选中"启用对象捕捉"复选框，然后在"对象捕捉模式"选项区域中选中相应复选框。或者鼠标右键单击状态栏的"对象捕捉"，也可弹出【草图设置】对话框，如图2-6所示。

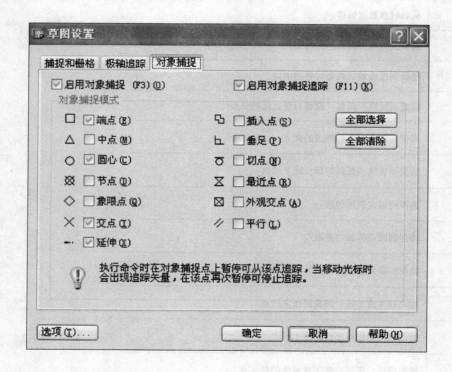

图2-6 【草图设置】对话框

要设置自动捕捉功能选项，可选择【工具/选项】命令，在【选项】对话框的【草图】选项卡中进行设置，如图2-7所示。

在"自动捕捉设置"选项区域用于设置自动捕捉的方式，包含以下选项：

①"标记"复选框：用于设置在自动捕捉到特征点时是否显示特征标记框。

②"磁吸"复选框：用于设置在自动捕捉到特征点时是否像磁铁一样将光标吸到特征点上。

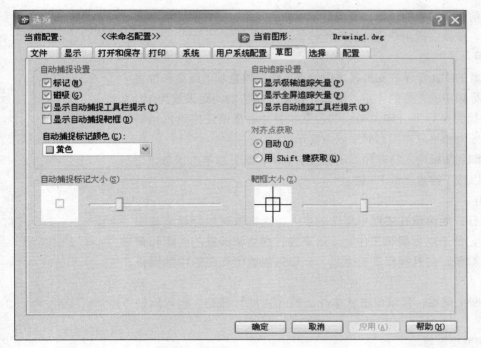

图 2-7 设置自动捕捉功能选项

③ "显示自动捕捉工具栏提示"复选框：用于设置在自动捕捉到特征点时是否显示"对象捕捉"工具栏上相应按钮的提示文字。

④ "显示自动捕捉靶框"复选框：用于设置是否捕捉靶框，该框是一个比捕捉标记大 2 倍的矩形框。

⑤ "自动捕捉标记颜色"下拉列表框：用来设置自动捕捉标记的颜色。

⑥ "自动捕捉标记尺寸"选项区域：拖动滑块可以设置自动捕捉标记的尺寸大小。

3）对象捕捉快捷菜单

当用户指定点时，可以按住 Shift 键或者 Ctrl 键，并单击鼠标右键打开对象捕捉快捷菜单，如图 2-8 所示。从该菜单上选择需要的子命令，再把光标移到要捕捉对象的特征点附近，即可捕捉到相应的对象特征点。

图 2-8 对象捕捉快捷菜单

在对象捕捉快捷菜单中，除了"点过滤器"子命令外，其余各项都与"对象捕捉"工具栏中的各种捕捉模式相对应。"点过滤器"子命令中的各命令用语捕捉满足指定坐标条件的点。

## 2.2.2 控制光标移动范围

在绘图时，除了可以使用直角坐标和极坐标精确定位点外，还可以使用系统提供的栅格、捕捉和正交功能来定位点。

（1）栅格和捕捉

在绘图中，使用栅格和捕捉有助于创建和对齐图形中的对象。

栅格能够指示出当前图形对象的位置，直观显示对象的间距；栅格捕捉能够限制十字光标的位置，使其按照用户定义的间距移动。

1）栅格的应用

栅格是按照设置的间距显示在图形区域中的点，能提供直观的距离和位置的参照，类似于坐标轴中的方格的作用。例如，如果将栅格的间距设置为10，在图形中就很容易找到坐标为（50，70）的位置。另外，栅格还指示出当前图形界限的范围，因为栅格只在图形界限以内显示。

栅格不会被打印到图纸中。打开和关闭栅格的显示，既可以单击状态栏上对应的按钮，也可以按下键盘上的 F7 键。

2）捕捉的应用

栅格捕捉使光标只能停留在图形中指定的点上，这样就可以轻松地将图形放置在特殊点上，便于以后编辑工作，一般来说，栅格和捕捉的间距和角度都设置为相同的数值，打开捕捉功能之后，光标只能定位在图形中的栅格点上。

打开或者关闭栅格捕捉，可以单击状态栏上的【捕捉】按钮，也可以使用快捷键 F9。

3）设置栅格和捕捉参数

在状态栏的【捕捉】或【栅格】按钮上单击鼠标右键，从弹出的快捷菜单中选择【设置】选项，系统弹出【草图设置】对话框或选择下拉菜单【工具/草图设置】如图2-9所示。

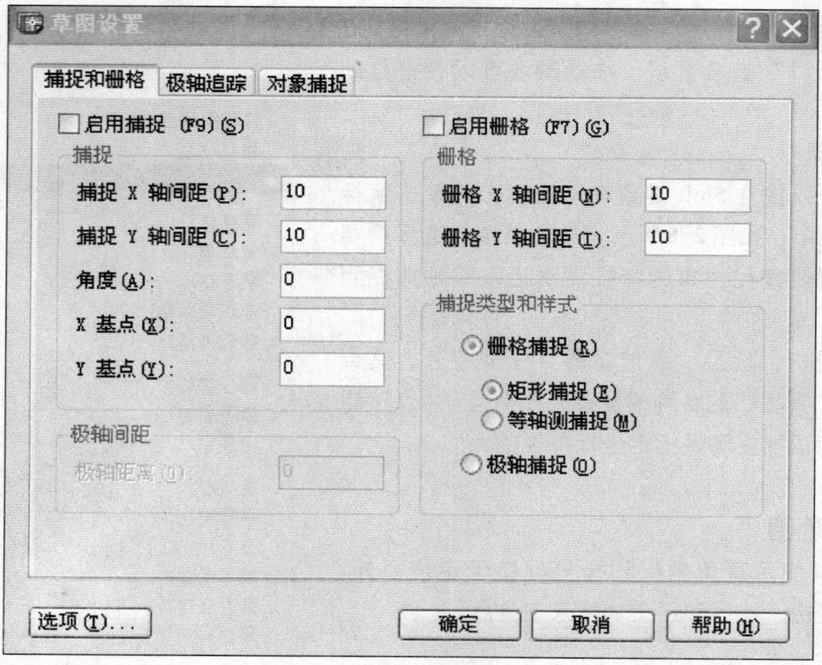

图2-9 设置栅格和捕捉的参数

栅格和捕捉的间距设置要合理，如果间距设置太大，起不到辅助绘图的作用；如果间距设置太小，也会影响定位点的效率。一般可以将栅格和捕捉的参数统一设置，这样启用捕捉后保证光标只能在栅格点上移动。

（2）正交模式

使用 Ortho 命令，可以打开正交模式，它用于控制是否以正交方式绘图。在该模式下，用户可以方便地绘出与当前 X 轴或 Y 轴平行的线段。要打开或关闭正交方式，可执行下列操作之一：

1）在 AutoCAD 程序窗口的状态栏中，单击"正交"按钮。

2）按 F8 键打开或关闭。

打开正交功能后，输入第一点后，继续输入第二点位置坐标时，橡皮筋已不再是这两点之间的连线，而是与当前 X 轴、Y 轴平行的线段，并且是较长的那段线，此时单击鼠标，该橡皮筋线就变成所绘直线了。如图 2-10 所示。

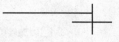

图 2-10　正交功能绘图

（3）极轴追踪和捕捉

极轴追踪和捕捉是相对于前一点而言的，极轴追踪能够提示用户可以在相对于前一点的某一极轴方向上移动光标，而极轴捕捉则能够捕获到当前极轴上一定距离的等分点。在创建过程中，极轴追踪提供了点的极角，而极轴捕捉提供了点到相对坐标原点的距离。

1）使用极轴追踪

通过单击状态栏上的【极轴】按钮或者快捷键 F10，都能够控制极轴追踪的开关。

如果用户设置极轴追踪的角度为 45°，并打开极轴追踪，当光标移动到相对于上一点 45°的倍数时（如 90°、135°和 180°等），系统就会给出如图 2-11 所示的追踪提示。

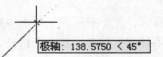

图 2-11　极轴追踪提示

2）设置极轴追踪

在状态栏的【极轴】按钮上单击鼠标右键，从弹出的快捷菜单中选择【设置】菜单项，系统会弹出如图 2-12 所示的【草图设置】对话框，可以设置极轴追踪的增量角度。

"极轴追踪"选项卡中各选项的功能和含义如下：

①"启用极轴追踪"复选框：用于打开或关闭极轴追踪。

②"极轴角设置"选项区域：用于设置极轴角度。在"增量角"下拉列表框中可以选择系统预设的角度，如果该下拉列表框中的角度不能满足需要，可选择"附加角"复选框，然后单击"新建"按钮，在"附加角"列表中增加新角度。

③"对象捕捉追踪设置"选项区域：用于设置对象捕捉追踪。选择"仅正交追踪"单选按钮，可在启用对象捕捉追踪时，只显示获取的对象捕捉点的

正交（水平/垂直）对象捕捉追踪路径；选择"用所有极轴角设置追踪"单选按钮，可以将极轴追踪设置应用到对象捕捉追踪，使用对象捕捉追踪时，光标将从获取的对象捕捉点起沿极轴对齐角度进行追踪。

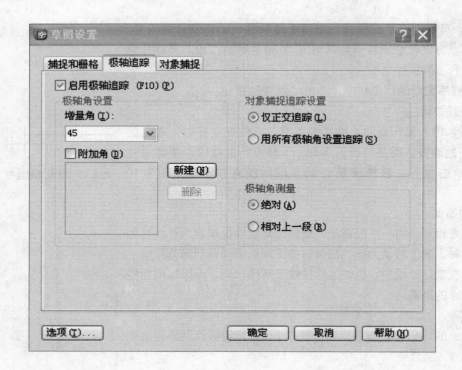

图 2-12　设置极轴追踪

注：打开正交模式，光标将被限制沿水平或垂直方向移动。因此，正交模式和极轴追踪模式不能同时打开，若一个打开，另一个将自动关闭。

④ "极轴角测量"选项区域：用于设置极轴追踪对齐角度的测量基准。其中，选择"绝对"单选按钮，可以基于当前用户坐标系（UCS）确定极轴追踪角度；选择"相对上一段"单选按钮，可以基于最后绘制的线段确定极轴追踪角度。

3）使用极轴捕捉

极轴捕捉是一种相对捕捉，一般来说是相对于前一点的捕捉。

在拾取点时，系统会自动追踪用户设置的极轴追踪角度，并在该角度上捕捉到特殊点的位置。

4）设置极轴捕捉

在状态栏上的【捕捉】按钮上单击右键，从弹出的快捷菜单中选择【设置】菜单项，系统会弹出如图 2-13 所示的【草图设置】对话框。

在【捕捉类型和样式】中必须选择【极轴捕捉】选项，然后设置适当的【极轴距离】，就完成了极轴捕捉的参数设置。

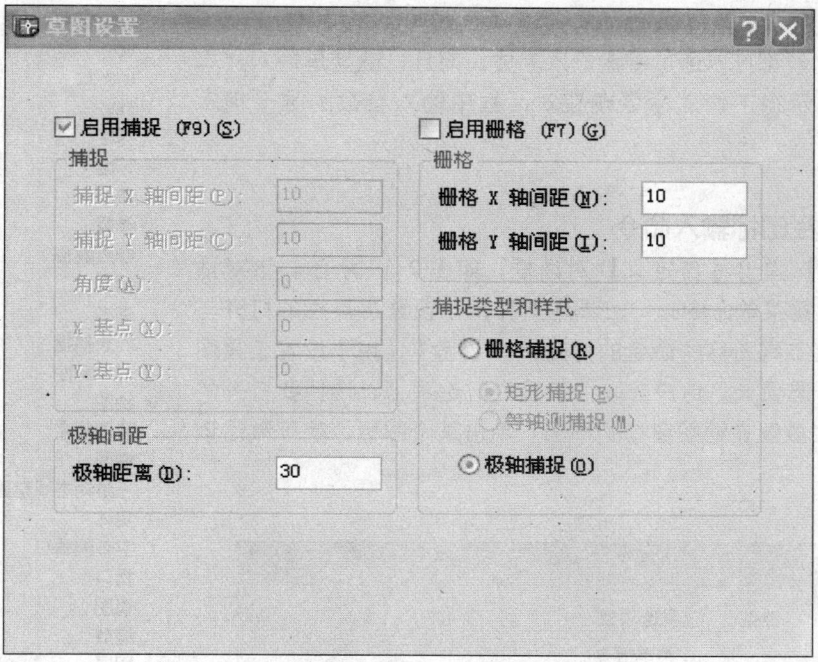

图 2-13 设置极轴捕捉参数

## 2.3 AutoCAD 2004 的命令输入

在 AutoCAD 中，输入命令的方式有三种：鼠标输入命令、键盘输入命令和单击工具栏图标输入命令。

### 2.3.1 使用鼠标输入命令

鼠标用于控制 AutoCAD 的光标和屏幕指针。在绘图窗口，AutoCAD 光标通常为"+"字线形式。当光标移至菜单选项（如下拉菜单）、工具栏或对话框时，它会变成一个空心箭头，此时光标指向某一个命令或工具栏中某一个命令图标，单击鼠标，则会执行相应的命令和动作。

鼠标右键的快捷菜单：

1）在绘图区域，不执行任何命令时，单击鼠标右键，弹出如图 2-14 的快捷菜单。

2）在绘图区域，执行任何命令时，单击鼠标右键，弹出如图 2-15 的快捷菜单。

3）用鼠标右键单击工具栏图标，打开工具栏菜单快捷菜单，如图 2-16 所示。

图 2-14 不执行命令时，右键快捷键

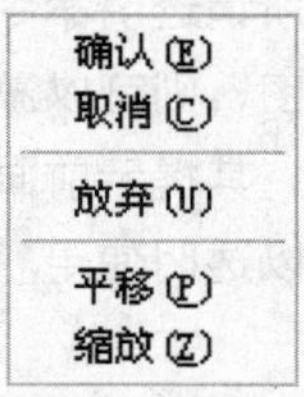

图 2-15 执行命令时，右键快捷键

## 2.3.2 使用键盘

AutoCAD 的大部分功能都可以通过键盘输入完成，而且，键盘是输入文本对象以及在"命令:"提示符下输入命令或在对话框中输入参数的唯一输入设备。

## 2.3.3 通过单击工具栏图标输入命令

单击【视图/工具栏】弹出【自定义】对话框，如图 2-17 所示。该对话框中有"命令"（用于设置菜单命令）、"工具栏"（用于设置工具栏的打开与否）、"特性"（用于设置工具图标的命令的打开）、"键盘"（用于设置工具图标和菜单的快捷键）4 个选项卡。用户选取"工具栏"选项卡，选择要打开的工具栏，则打开的工具栏放置在绘图窗口的周围。单击某个图标，就可激活该图标所代表的命令。

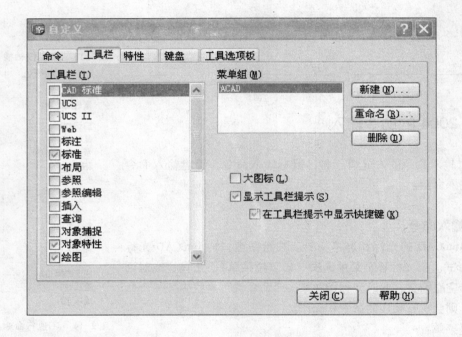

图 2-16 右键单击工具栏快捷键

图 2-17 "自定义"对话框的"工具栏"选项卡

## 2.3.4 透明命令

所谓透明命令是指在其他命令执行时可以输入的命令。例如，用户希望缩放视图，则可以激活 Zoom 命令（在命令前面加一个"'"号）。当透明命令使用时，其提示前面有两个右尖括号，表示它是透明使用。许多命令和系统变量都可以透明使用。

## 2.4 文件操作

文件操作是指建立新的图形文件，打开已有的图形文件，保存当前所绘图形文件等操作。

## 2.4.1 建立新的图形文件

【命令功能】建立一个新的绘图文件，以便开始一个新的绘图作业。

【命令输入】下拉菜单：文件/新建…

工具栏：标准→新建

命令：New　快捷键：Ctrl + N

命令输入后，AutoCAD 2004 弹出如图 2-18 所示的样板文件对话框（建议初学者选择 Acad 作为样板文件）。

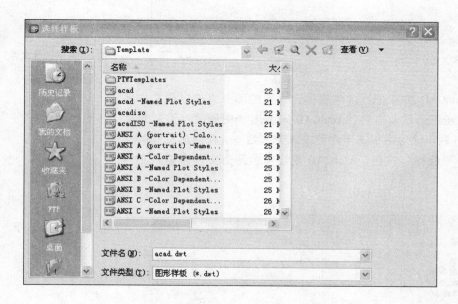

图 2-18 "选择样板"对话框

## 2.4.2 打开已有的图形文件

【命令输入】下拉菜单：文件/打开…

工具栏：标准→打开

命令：Open　快捷键：Ctrl + O

命令输入后，AutoCAD 2004 弹出如图 2-19 所示的"选择文件"对话框，在"搜索："后面的文本框中输入文件的位置，在显示框中找到文件名，选中，在单击"打开"按钮即可。

## 2.4.3 保存文件

（1）快速存盘

【功能】将当前所绘图形存盘

【命令输入】下拉菜单：文件/保存

工具栏：标准→保存

命令：Qsave　快捷键：Ctrl + S

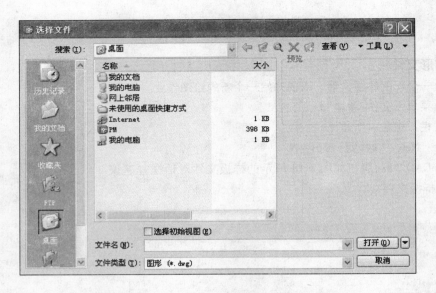

图2-19 "选择文件"对话框

命令输入后，AutoCAD 2004 把当前编辑的已命名的图形直接以原文件名存入磁盘。若当前所绘图形没有命名，AutoCAD 则弹出"图形另存为"对话框，如图2-20所示。利用该对话框，用户可输入文本名，选择图形文件的存储路径，完成后单击"保存"按钮，AutoCAD 把当前的图形文件以输入文件名存在指定的位置。

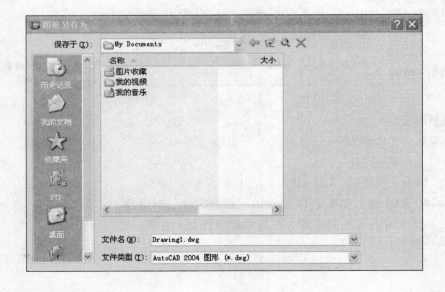

图2-20 "图形另存为"对话框

（2）换名存盘

【功能】将当前编辑的图形用新的名字存盘

【命令输入】下拉菜单：文件/另存为…

命令：Saveas

命令输入后，AutoCAD 弹出如图2-21所示的"图形另存为"对话框。用户在"文件名"文本框中输入文件名,选择图形文件的存储路径后,单击"保存"按钮即可。

(3) 自动保存

由于 AutoCAD 在运行过程中可能会遇到死机、停电等意外情况,而有的用户又不习惯经常保存文件,系统提供了自动保存的功能。选择【工具/选项】菜单项,系统会弹出如图 2-22 所示的【选项】对话框,进入【打开和保存】选项卡。在该选项卡中的"文件安全措施"区,选中"自动保存"复选框,打开"自动保存"功能。"保存间隔分钟数"文本框用于确定自动保存的间隔时间。默认的自动保存的路径为"C\Windows\Temp\…"。

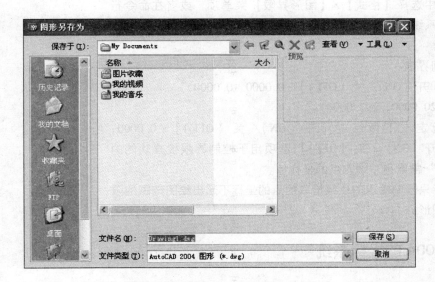

图 2-21 "图形另存为"对话框

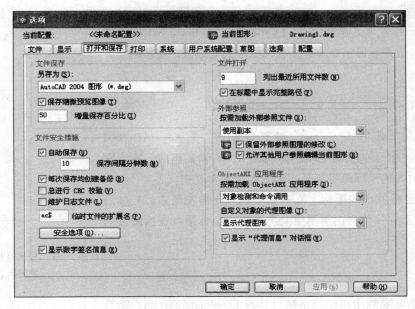

图 2-22 设置图形的自动保存

## 2.5 图形界限的设置

图形界限是世界坐标系中的二维点,表示图形范围的左下和右上边界。图形界限的作用主要用于:

1) 打开界限检查功能之后,图形界限将可输入的坐标限制在矩形区域内。
2) 决定显示栅格点的绘图区域。
3) 决定 ZOOM 命令相对于图形界限视图的大小。
4) 决定 ZOOM 命令"全部(A)"选项显示的区域。

在 AutoCAD 2004 中选择【格式】/【图形界限】菜单项,或者在命令行中执行 LIMITS 命令,系统会给出如下的命令提示:

命令:'_ LIMITS
重新设置模型空间界限:
指定左下角点或[开(ON)/关(OFF)]〈0.0000,0.0000〉:
指定右下角点〈420.0000,297.0000〉:

当系统提示【指定左下角点或[开(ON)/关(OFF)]〈0.0000,0.0000〉:时,其中的开(ON)/关(OFF)】选项用于控制界限检查功能的开关,"指定左下角点"需要用户输入点的坐标值。

绘图界限检查功能只限制输入的点或拾取的点的坐标不超出绘图范围的限制,而不能限制整个图形。

## 2.6 AutoCAD 2004 的坐标系统

### 2.6.1 笛卡儿坐标系统

AutoCAD 2004 采用三维笛卡儿坐标系统(Cartesian Coordinate System,缩写为 CCS)确定点的空间位置。显示在屏幕上状态栏中的坐标值,就是当前光标所在位置的坐标。

### 2.6.2 世界坐标系统

世界坐标系统(World Coordinate System,缩写为 WCS)是 AutoCAD 2004 的基本坐标系统。它由3个相互垂直并相交的坐标轴 X、Y 和 Z 组成。在绘图和编辑图形的过程中,WCS 的坐标原点和坐标轴方向都不会改变。

图 2-23 所示为世界坐标系统的图标。X 轴沿水平方向自左向右,Y 轴沿垂直方向由下向上,Z 轴正对操作者由屏幕里向屏幕外。坐标原点在绘图区的左下角。

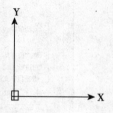

图 2-23 世界坐标系统图标

### 2.6.3 用户坐标系统

AutoCAD 2004 提供了可变的用户坐标系统(User Coordinate System,缩写

为 UCS）以方便用户绘图。在默认情况下，UCS 和 WCS 重合。用户可以根据自己的需要来定义 UCS 的 X、Y 和 Z 轴的方向及坐标的原点。图 2-24 所示为用户坐标系统的图标（注意：与 WCS 的区别在于图中少了小框）。

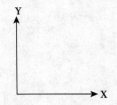

图 2-24 用户坐标系统图标

### 2.6.4 坐标

在绘图时，AutoCAD 2004 根据某点的坐标确定其位置。坐标主要分为绝对直角坐标、绝对极坐标和相对直角坐标、相对极坐标。用户在输入点的位置时，采用这 4 种坐标均可。

1）绝对直角坐标：直接输入点的 X，Y 坐标值，用逗号分隔 X，Y。

2）相对直角坐标："相对"指相对于前一点的直角坐标值。相对直角坐标的表达方式为在坐标值前加一个符号"@"。

3）绝对极坐标：输入点距原点的距离及该点与原点所连线段与 X 轴正方向之间的夹角，并用符号"〈"分隔。

4）相对极坐标："相对"指相对于前一点的极坐标值。相对极坐标的表达方式也是在坐标值前加一个符号"@"。

图 2-25、图 2-26 表示了上述 4 种坐标的含义。

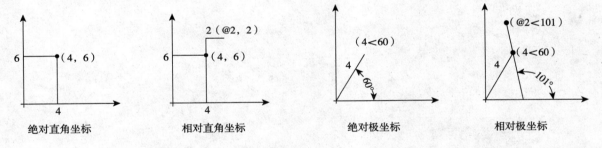

绝对直角坐标　　相对直角坐标　　绝对极坐标　　相对极坐标

图 2-25 两种直角坐标（左）
图 2-26 两种极坐标（右）

## 复习思考题

1. AutoCAD 2004 的主屏幕由哪些部分组成？
2. AutoCAD 2004 有哪几种辅助绘图工具？简述其作用。
3. AutoCAD 2004 的命令输入有哪几种方式？
4. 在绘图过程中，图形界限有什么作用？如何设置图形界限？
5. 相对极坐标的输入格式是什么？如果点（20，50）相对于点（10，40）进行定位，应该输入什么样的相对坐标值？

# 第3章 AutoCAD 2004 的绘图命令

园林计算机辅助设计

## 3.1 基本绘图命令

### 3.1.1 绘制点

【功能】在指定的位置绘制点。

【命令输入】下拉菜单：绘图 \ 点 \ 单点（绘制单个点）

绘图 \ 点 \ 多点（绘制多个点）

工具栏：绘图»点 ·

命令：Point 或 Po

【操作格式】输入相应命令后，提示：

指定点：输入点的位置坐标或者直接用鼠标在绘图区指定点的位置。

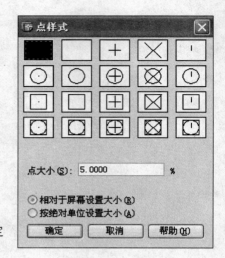

图 3-1 "点样式"对话框

【说明】

1）AutoCAD 提供了多种形式的点，用户可以根据需要在绘制之前进行设置。其设置过程为：单击菜单"格式 \ 点样式…"，屏幕上弹出如图 3-1 所示的"点样式"对话框。在该对话框中，用户可以选择自己需要的点样式，利用其中"点大小"编辑框可调整点的大小。"相对于屏幕设置大小"及"按绝对单位设置大小"两个选项分别表示以相对和绝对尺寸设置点的大小。

2）AutoCAD 通过系统变量 PDMODE 保存点的形式，PDSIZE 保存点的大小设置。

3）所绘制的点可以用点的目标捕捉方式中的"节点捕捉方式"捕捉。

### 3.1.2 等分点

【功能】在指定对象上绘制等分点或在等分点处插入块。

【命令输入】下拉菜单：绘图 \ 点 \ 定数等分

命令：Divde 或 Div

【操作格式】输入相应命令后，提示：

选择要定数等分的对象：选择要等分的对象（用鼠标左键在屏幕上拾取）。

输入线段数目或［块（B）］：

1）输入线段数目，（该选项为默认选项），直接输入等分数，按回车键结束命令。

2）选择（B）选项，则继续提示：

输入要插入的块名：输入要插入的块的名称。

是否对齐块和对象？［是（Y）/否（N）］＜Y＞：插入块是否旋转，输入"Y"表示旋转，输入"N"表示不旋转。

输入线段数目：输入对象的等分数。图 3-2 所示为 5 等分的结果。

图 3-2 绘制等分点

【说明】

1) 执行完以上操作后，AutoCAD 在每一个等分点处插入一个事先设置好点样式的点，该点可以用点的目标捕捉方式中的"节点捕捉方式"捕捉。

2) 执行完以上操作后，用户若发现所操作对象没有发生任何变化，这就说明你预先未设置点的样式，当前点的样式被操作对象所覆盖。用户可以单击菜单"格式\点样式…"，屏幕上弹出如图3-3所示的"点样式"对话框。在该对话框中，用户可以选择自己需要的点样式，利用其中"点大小"编辑框可调整点的大小。"相对于屏幕设置大小"及"按绝对单位设置大小"两个选项分别表示以相对和绝对尺寸设置点的大小。设置点的样式完毕后，操作对象则会显示出等分点。

3) 有关于块的知识详见第 6 章。

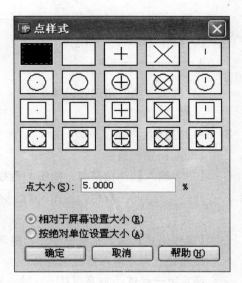

图 3-3 "点样式"对话框

## 3.1.3 测量点

【功能】在指定对象上按指定的长度测量，在分点处用点做标记或插入块。

【命令输入】下拉菜单：绘图 \ 点 \ 定距等分

命令：Measure 或 Me

【操作格式】输入相应命令后，提示：

选择要定距等分的对象：选择要测量的对象（用鼠标左键在屏幕上拾取）。

指定线段长度或［块（B）］：

1) 指定线段长度，（该选项为默认选项），直接输入每段的长度数值。AutoCAD 按指定的长度测量选定的对象，并在每个分点处插入一点，该点同样可以用点的目标捕捉方式中的"节点捕捉方式"捕捉。

2) 选择［块（B）］，则继续提示：

输入要插入的块名：输入要插入的块的名称。

是否对齐块和对象？［是（Y）/否（N）］< Y >：插入块是否旋转，输入"Y"表示旋转，输入"N"表示不旋转。

指定线段长度：输入每段的长度。

【说明】

1) 在"指定线段长度或［块（B）］："提示下，选取默认选项时，也可以不输入一个数值，而是在屏幕上指定一个点，AutoCAD 提示"指定第二点"，再输入第二点。AutoCAD 自动将这两点之间的距离作为测量长度对选定对象绘制测量点。图 3-4 所示为以直线 AB 为测量长度测量指定对象的结果。

图3-4 指定长度等分点

A ——————— B

2) 有关于块的知识详见第6章。

### 3.1.4 直线

【功能】绘制直线

【命令输入】下拉菜单：绘图\直线

　　　　　　工具栏：绘图»直线 ╱

　　　　　　命令：Line 或 l

【操作格式】输入相应命令后，提示：

指定第一点：输入直线的起点。

指定下一点或［放弃（U）］：输入直线下一点。

指定下一点或［放弃（U）］：输入直线下一点。

指定下一点或［闭合（C）\放弃(U)］：继续输入直线下一点或回车结束命令。

【举例1】用 Line 命令绘制 A3 图框。

命令：Line

指定第一点：输入"0，0"。

指定下一点或［放弃（U）］：输入"420，0"。

指定下一点或［闭合（C）\放弃(U)］：输入"420，297"。

指定下一点或［闭合（C）\放弃(U)］：输入"0，297"。

指定下一点或［闭合（C）\放弃(U)］：输入"C"。

【举例2】用相对坐标绘制矩形，如图3-5。

命令：Line

指定第一点：输入"40，30"。

指定下一点或［放弃（U）］：输入"@200，0"。

指定下一点或［闭合（C）\放弃(U)］：输入"@@100<90"。

指定下一点或［闭合（C）\放弃(U)］：输入"@-200，0"。

指定下一点或［闭合（C）\放弃(U)］：输入"C"。

【说明】

1) 在"指定下一点或［放弃（U）］"提示下直接回车，命令将执行结束。

2) 在"指定下一点或［放弃（U）］"提示下输入"U"，表示删除最后画的直线段，多次在"指定下一点或［放弃（U）］"提示下输入"U"，则会删除多条相应的直线段。

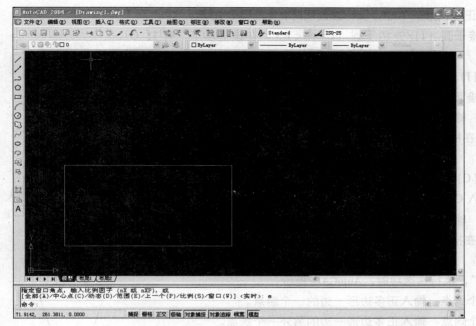

图 3-5 用相对坐标绘制矩形

3)"指定下一点或[闭合(C)\放弃(U)]"提示下输入"C",表示当前光标点将与起点连接,并退出画直线命令。

4)在"指定第一点"提示下直接按回车键,则上一次的 Line 命令或者 Arc 命令的终点将作为本次画直线段的起点。如果上一次用的是 Arc 命令,则以上一次圆弧的终点为起点绘制圆弧的切线。此时用户只能输入直线的长度,而不能控制直线的方向。

5)在"指定下一点或[放弃(U)]"提示下,单击鼠标右键,弹出 Line 命令的快捷菜单,用户可在快捷菜单中选取以上各选项,如图 3-6 所示。

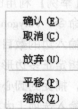

图 3-6 绘制直线时的快捷菜单

## 3.2 几何图形的绘制

### 3.2.1 正多边形

【功能】绘制指定要求的正多边形

【命令输入】下拉菜单:绘图\正多边形

工具栏:绘图»正多边形 ⬠

命令:Polygon 或者 Pol

【操作格式】输入相应命令后,提示:

输入边的数目 <4>:输入正多边形的数目,回车

指定正多边形的中心点或[边(E)]:在该提示下,用户有两种选择:一种是直接输入一点作为正多边形的中心;另一种是输入(E),即利用输入正多边形的边长确定多边形)

第 3 章　AutoCAD 2004 的绘图命令　27

(1) 直接输入正多边形的中心，执行该选项时，AutoCAD 提示：

输入选项 [内接于圆 (I)/外切于圆 (C)] <I>：在该提示下，有 I、C 两个选项：

1) 内接于圆 (I)：内接正多边形。

若在提示下直接回车，即默认 (I) 选项，AutoCAD 提示：

指定圆的半径：输入半径值。

于是 AutoCAD 在指定半径的圆内（此圆只显示，不画出来）内接正多边形。

2) 外切于圆 (C)：外切正多边形。

若在提示下输入 C，则 AutoCAD 提示：

指定圆的半径：输入半径值。

于是 AutoCAD 在指定半径的圆外面（此圆只显示，不画出来）构造出正多边形。

(2) 输入"E"，执行该选项时，AutoCAD 提示：

指定边的第一个端点：输入正多边形一边的一个端点。

指定边的第二个端点：输入正多边形一边的另外一个端点。

于是 AutoCAD 根据指定的边长绘制正多边形。

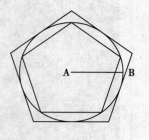

图 3-7 绘正多边形

【举例】利用已知圆，绘制图 3-7 所示的正多边形。

命令：Polygon 或 POL

输入边的数目 <5>：5（输入正多边形的边数）。

指定正多边形的中心点或 [边 (E)]：（设置圆心捕捉，将光标放置在圆周上，捕捉到圆心时单击左键，拾取正多边形的中心点 A）。

输入选项 [内接于圆 (I)/外切于圆 (C)] <I>：（选择内接正多边形方式）。

指定圆的半径：50（打开正交功能，输入圆的半径，完成绘制内接于半径为 50mm 的圆的正多边形）。

键盘按空格键，重复执行正多边形命令。

命令：Polygon 或 POL

输入边的数目 <5>：直接回车。

指定正多边形的中心点或 [边 (E)]：（捕捉圆心为正多边形的中心点 A）。

输入选项 [内接于圆 (I)/外切于圆 (C)] <I>：c（选择外切正多边形方式）。

指定圆的半径：50（打开正交功能，输入圆的半径，完成绘制内接于半径为 50mm 的圆的正多边形）。

键盘按空格键，重复执行正多边形命令。

命令：Polygon 或 POL

输入边的数目 <5>：直接回车。

指定正多边形的中心点或 [边 (E)]：e（选择用边绘制正多边形方式）。

拾取边的第一个端点：用鼠标左键在屏幕上拾取点 C。

指定边的第二个端点：50（用输入距离的方式确定点 D，完成绘制边长为 50mm 的正五边形）。

## 3.2.2 矩形

利用矩形命令绘制矩形很简单，只要指定矩形两个对角点就可以了。在绘制矩形时，还可以设置倒角、标高、圆角、厚度和线宽，其中标高和厚度用于三维。

【功能】绘制指定要求的矩形

【命令输入】下拉菜单：绘图 \ 矩形

　　　　　　工具栏：绘图»矩形 ▭

　　　　　　命令：Rectang 或者 Rec

【操作格式】输入相应命令后，提示：

指定第一个角点或[倒角(C)/标高(E)/圆角(F)/厚度(T)/宽度(W)]：输入矩形的第一个对角点，这是默认选项，用鼠标在屏幕上拾取点 A，如图 3-8（a）所示。

指定另一个角点或[尺寸(D)]：@100,50（输入矩形的另一个对角点，用相对直角坐标形式输入点 B，绘出矩形如图 3-8a 所示）。

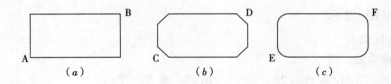

图 3-8　绘正多边形

提示行中有 5 个选项，其含义和操作如下：

1）倒角（C）：设置矩形四角为倒角模式，并确定倒角大小，可绘制带倒角的矩形。

命令：Rectang 或者 Rec

指定第一个角点或[倒角(C)/标高(E)/圆角(F)/厚度(T)/宽度(W)]：c（绘制带倒角的矩形）。

指定第一个倒角距离<0.0000>：10（定义矩形第一个倒角距离）。

指定第二个倒角距离<10.0000>：10（定义矩形第二个倒角距离，两个距离可以相等也可以不相等，若要恢复为直角，则将倒角距离设置为 0 即可）。

指定第一个角点或[倒角(C)/标高(E)/圆角(F)/厚度(T)/宽度(W)]：用鼠标在屏幕上拾取点 C 作为矩形的第一个对角点。

指定另一个角点或[尺寸(D)]：@100,50（输入矩形的另一个对角点，用相对直角坐标形式输入点 D，绘出矩形如图 3-8（b）所示）。

2）圆角（F）：设置矩形四角为圆角模式，并确定其半径大小，可绘制带圆角的矩形。

命令：Rectang 或者 Rec

当前矩形模式：倒角 = 10.0000 × 10.0000

指定第一个角点或［倒角（C）/标高（E）/圆角（F）/厚度（T）/宽度（W）］：f（绘制带圆角的矩形）。

指定圆角的半径 < 10.0000 >：10（设置圆角半径，若要取消圆角的设置，恢复直角，则将圆角距离设置为 0 即可）。

指定第一个角点或［倒角（C）/标高（E）/圆角（F）/厚度（T）/宽度（W）］：用鼠标在屏幕上拾取点 E 作为矩形的第一个对角点）。

指定另一个角点或［尺寸（D）］：@100，50（输入矩形的另一个对角点，用相对直角坐标形式输入点 F，绘出矩形如图 3-8（c）所示）。

3）标高（E）：设置矩形在三维空间内的某面高度。
4）厚度（T）：设置矩形厚度，即 Z 轴方向的高度。
5）宽度（W）：设置线条宽度。

AutoCAD 把用矩形命令绘制出的矩形当作一个对象，其四条边是不能分别被编辑的。

### 3.2.3 圆

【功能】绘制指定要求的圆

【命令输入】下拉菜单：绘图 \ 圆

工具栏：绘图》圆 ⊙

命令：Circle 或 C

【操作格式】输入相应命令后，提示：

指定圆的圆心或［三点（3P）/两点（2P）/相切、相切、半径（T）］：AutoCAD 提供了 6 种绘制圆的方法，在下拉菜单［绘图］\［圆］中可以看到这 6 种方式。下面分别介绍：

（1）根据圆心和半径画圆：这个是默认选项。

指定圆的圆心或［三点（3P）/两点（2P）/相切、相切、半径（T）］：输入圆心位置，用鼠标左键在屏幕上拾取点 A。

指定圆的半径或［直径（D）］：此时若输入圆的半径，则绘出给定半径的圆；若在屏幕上指定一点 B，则绘出以点 B 和圆心点 A 之间的距离为半径的圆，如图 3-9（a）所示。

（2）根据圆心和直径绘圆（CD）

指定圆的圆心或［三点（3P）/两点（2P）/相切、相切、半径（T）］：输入圆心位置点 C，用鼠标左键在屏幕上拾取。

指定圆的半径或［直径（D）］：输入 D。

指定圆的直径 < 直径默认值 >：此时若输入圆的直径，则绘出给定直径的圆；若在屏幕上指定一点 D，则绘出以点 D 和圆心点 C 之间的距离为直径的圆，如图 3-9（b）所示。

（3）根据 3 点绘圆（3P）

指定圆的圆心或[三点(3P)/两点(2P)/相切、相切、半径(T)]：输入 3P。

指定圆上的第一个点：输入第一点 E。

指定圆上的第二个点：输入第二点 F。

指定圆上的第三个点：输入第三点 G。

绘出过这 3 点的圆，如图 3-9（c）所示。

（4）根据 3 点绘圆（2P）

指定圆的圆心或[三点(3P)/两点(2P)/相切、相切、半径(T)]：输入 2P。

指定圆的直径的第一个端点：输入第一点 H。

指定圆的直径的第二个端点：输入第二点 J。

绘出以这两点为直径的圆，如图 3-9（d）所示。

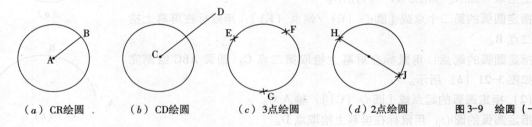

（a）CR绘圆　　（b）CD绘圆　　（c）3点绘圆　　（d）2点绘圆　　图 3-9　绘圆（一）

（5）绘与两个对象相切，且半径为给定值的圆（TTR）

指定圆的圆心或[三点(3P)/两点(2P)/相切、相切、半径(T)]：输入 T。

指定对象与圆的第一个切点：选择第一个被切对象。

指定对象与圆的第二个切点：选择第二个被切对象。

指定圆的半径 <半径默认值>：输入圆半径值。

绘出如图 3-10（a）所示的圆。

（6）绘与 3 个对象相切的圆（TTT）

指定圆的圆心或[三点(3P)/两点(2P)/相切、相切、半径(T)]：输入_ 3P。

指定圆上的第一个点：选择第一个相切对象。

指定圆上的第二个点：选择第二个相切对象。

指定圆上的第三个点：选择第三个相切对象。

绘出如图 3-10（b）所示的圆。

【说明】

1. 当使用 TTR 方式绘圆时，若在"指定圆的半径 <半径默认值>："提示下输入的半径值太大或者太小，AutoCAD 将提示"圆不存在"，并退出该命令的执行。

2. 当使用 TTT 方式绘圆时，除了输入"_ 3P"外，也可以从下拉菜单中选择"相切、相切、相切"方式来绘制。

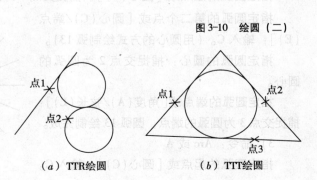

图 3-10　绘圆（二）

（a）TTR绘圆　　（b）TTT绘圆

### 3.2.4 圆弧

AutoCAD 提供了 11 种绘制圆弧的方法，在下拉菜单中绘图\圆弧里可以看到。从工具栏各键盘输入圆弧命令，系统自动默认的绘制圆弧方式是 3 点绘弧。

【功能】绘制指定要求的圆弧

【命令输入】下拉菜单：绘图\圆弧

工具栏：绘图》圆弧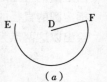

命令：Arc 或 A

【操作格式】输入相应命令后，提示：

指定圆弧的起点或［圆心（C）］：此时有两种绘制圆弧的方法。

（1）输入起点是从圆弧的起点开始画弧，这个是默认选项。用鼠标在屏幕上拾取一点 A。如图 3-11（b）所示。

指定圆弧的第二个点或［圆心（C）/端点（E）］：用鼠标在屏幕上拾取第二点 B。

指定圆弧的端点：用鼠标在屏幕上拾取第二点 C，圆弧 ABC 绘制完成。如图 3-21（b）所示。

（2）指定圆弧的起点或［圆心（C）］：输入 C。

指定圆弧的圆心：用鼠标在屏幕上拾取点 D。

指定圆弧的起点：用鼠标在屏幕上拾取第二点 E。

指定圆弧的端点或［角度（A）/弦长（L）］：用鼠标在屏幕上拾取第三点 F，圆弧 ABC 绘制完成。如图 3-11（a）所示。

【举例】已知图 3-12（a）所示图形，用圆和圆弧命令绘制图 3-12（b）所示图形。

1）命令：Circle 或 C

指定圆的圆心或[三点(3P)/两点(2P)/相切、相切、半径(T)]：用鼠标拾取点 A。（需要开启对象捕捉功能）。

指定圆的半径或［直径(D)］：直接用鼠标拾取点 B。以相同的方法绘制其他的圆。

2）命令：Arc 或 A

指定圆弧的起点或[圆心(C)]：捕捉交点 1 为圆弧的起点。

指定圆弧的第二个点或[圆心(C)/端点(E)]：输入 C。（用圆心的方式绘制弧 13）。

指定圆弧的圆心：捕捉交点 2 为圆弧的圆心。

指定圆弧的端点或[角度(A)/弦长(L)]：捕捉交点 3 为圆弧的端点，圆弧 13 绘制完成。

3）命令：Arc 或 A

指定圆弧的起点或［圆心(C)］：输入 C。

图 3-11 绘圆弧

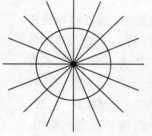
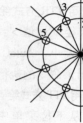

图 3-12 绘圆弧举例

(用圆心的方式绘制弧 35)。

指定圆弧的圆心：捕捉交点 4 为圆弧的圆心。

指定圆弧的起点：捕捉交点 3 为圆弧的起点。

指定圆弧的端点或［角度(A)/弦长(L)］：捕捉交点 5 为圆弧的端点，圆弧 35 绘制完成。

用步骤 2 或 3 中任一方法，完成所有圆弧绘制。如图 3-12（b）所示。

### 3.2.5 圆环或填充圆

【功能】绘制内外径已经指定的圆环及填充圆

【命令输入】下拉菜单：绘图 \ 圆环

　　　　　　命令：Donut 或 Do

【操作格式】输入相应命令后，提示：

指定圆环的内径 <10.0000>：输入内圆的直径。

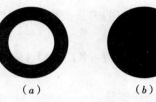

图 3-13　绘圆环

指定圆环的外径 <20.0000>：输入外圆的直径。

指定圆环的中心点或 <退出>：用鼠标在屏幕上拾取一点作为圆环的中心点。

指定圆环的中心点或 <退出>：按回车结束命令。绘制出如图 3-13（a）所示的圆环。若继续拾取圆环的中心点，则可以画出多个圆环。

【说明】

1）在执行圆环命令时，当提示"指定圆环的内径 <10.0000>："时输入"0"，则可绘出填充圆。操作如下：

命令：Donut 或 DO

指定圆环的内径 <10.0000>：输入内圆的直径为 0。

指定圆环的外径 <20.0000>：输入外圆的直径。

指定圆环的中心点或 <退出>：用鼠标在屏幕上拾取一点作为圆环的中心点。

指定圆环的中心点或 <退出>：按回车结束命令。绘制出如图 3-13（b）所示的填充圆。

2）圆环线是否填充，由 AutoCAD 的系统变量 FILLMODE 控制。若

FILLMODE = 1，则绘制的圆环线填充。

FILLMODE = 0，则绘制的圆环线不填充。

3）系统变量的设置方法：在"命令"状态下，键盘输入"FILLMODE"，AutoCAD 提示"输入的新增值 <1>"，输入新的变量即可。

### 3.2.6 椭圆和椭圆弧

【功能】绘制椭圆或者椭圆弧

【命令输入】下拉菜单：绘图 \ 椭圆

工具栏：绘图 \ 椭圆 ⬭

命令：Ellipse 或 El

【操作格式】从菜单启动命令，直接确定绘制椭圆的方法，如从工具栏或键盘启动命令，则提示：

指定椭圆的轴端点或［圆弧（A）/中心点（C）］：通过选择项来确定绘制椭圆的方法。操作如下：

1）使用"轴、端点"方法绘制椭圆，这是默认选项。

指定椭圆的轴端点或［圆弧（A）/中心点（C）］：用鼠标在屏幕上单击左键拾取点 A。

指定轴的另一个端点：50（打开正交模式，直接输入距离确定该轴的另一个端点 B）。

指定另一条半轴长度或［旋转（R）］：15（输入另一个轴的半轴长度，回车结束命令）。

绘制如图 3-14（a）所示椭圆。

2）使用"中心点（C）"方法绘制椭圆。

指定椭圆的轴端点或［圆弧（A）/中心点（C）］：C（使用中心方法绘制椭圆）。

指定椭圆的中心点：用鼠标在屏幕上单击左键拾取点 C 作为椭圆中心点。如图 3-24（a）所示。

指定轴的端点：25（将鼠标水平移动，输入水平轴的半长）。

指定另一条半轴长度或［旋转（R）］：15（输入椭圆另一轴的水平半轴长度，回车结束命令）。绘制如图 3-14（a）所示椭圆。

3）绘制圆弧（A）

指定椭圆的轴端点或［圆弧（A）/中心点（C）］：用鼠标在屏幕上单击左键拾取一点。

指定轴的另一个端点：50（打开正交模式，鼠标向右移动，直接输入距离确定该轴的另一个端点）。

指定另一条半轴长度或［旋转（R）］：15（输入另一个轴的半轴长度，绘制一个椭圆）。

指定起始角度或［参数（P）］：30（通过指定椭圆弧的起始角与终止角确定椭圆弧。在这里输入起始角度，确定椭圆弧起点 C）。

指定终止角度或［参数（P）/包含角度（I）］：此时移动鼠标会有一条橡皮线出现，也可以利用橡皮线确定角度方向，因为正交功能打开，所以只能水平移动和垂直移动。将鼠标垂直向上移动，单击左键，输入终止角，确定弧终点 D，绘制出如图 3-14（b）所示椭圆弧。

图 3-14　绘制椭圆和椭圆弧

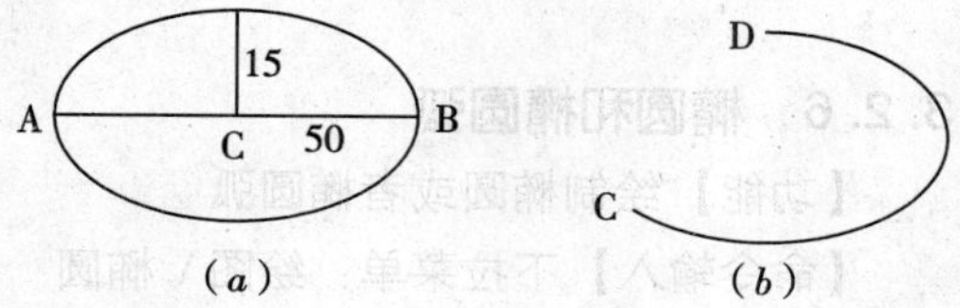

## 3.3 高级绘图命令

### 3.3.1 多线

所谓多线,指多条相互平行的直线。这些直线线型可以相同也可以不同。AutoCAD 的多线是由 1~16 条平行直线组成的复合线。这些平行线称为元素。多线是一个对象。

(1) 绘制多线

【功能】绘制多条平行线

【命令输入】下拉菜单：绘图\多线
　　　　　　命令：Mline 或 Ml

【操作格式】输入相应命令后,提示：

当前设置：对正 = 上,比例 = 20.00,样式 = STANDARD

指定起点或 [对正 (J)/比例 (S)/样式 (ST)]：

提示第一行表示当前多线采用的绘图方式、线型比例、线型样式。

指定起点：该选项为默认选项。直接输入多线的起点 A。

指定下一点：200 (打开正交功能,鼠标向右移动,键盘输入 200,完成 B 点的输入)。

指定下一点或 [放弃 (U)]：100 (鼠标向 B 点下方移动,键盘输入 100,完成 C 点输入)。

指定下一点或 [闭合 (C)\放弃 (U)]：200 (鼠标向 C 点左方移动,键盘输入 200,完成 D 点输入)。

指定下一点或 [闭合 (C)\放弃 (U)]：输入 C,按回车键结束命令。

以上操作是以当前的多线样式、当前的线型比例及绘图方式绘制多线,绘制出的图形如图 3-15 所示。

图 3-15　绘制多线

输入相应命令后,命令行还有 3 个选项 [对正 (J)/比例 (S)/样式 (ST)],各选项的含义及操作如下：

1) 对正 (J)：确定多线的对正方式。

在命令行"指定起点或 [对正 (J)/比例 (S)/样式 (ST)]："的提示下输入"J"并回车,AutoCAD 会继续提示：

输入对正类型 [上 (T)/无 (Z)/下 (B)]〈无〉：有 3 种对正方式,它们的具体含义分别如下：

①用上 (T) 选项绘制多线时,多线最顶端的线随光标移动 [如图 3-16 (a) 所示]。

②用无 (Z) 选项绘制多线时,多线的中心线随光标移动 [如图 3-16 (b) 所示]。

③用下 (B) 选项绘制多线时,多线最底端的线随光标移动 [如图 3-16 (c) 所示]。

④ <无> 表示当前默认的对正方式为"无"的方式。

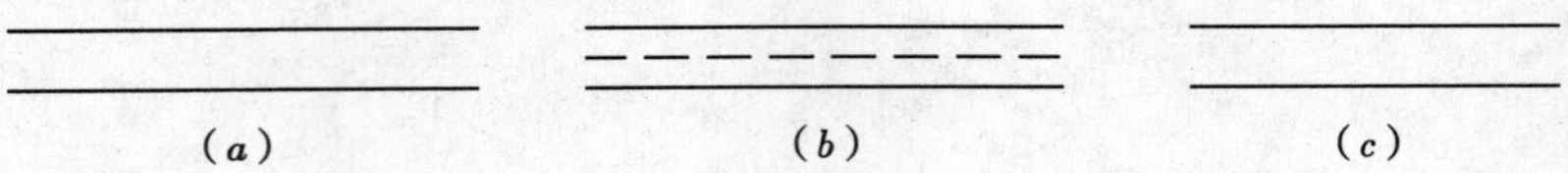

图 3-16 多线的对正方式

2) 比例 (S)：确定所绘制的多线宽度相当于当前样式中定义宽度的比例因子。默认值为 20。如比例因子为 5，则多线的宽度是定义宽度的 5 倍。

在命令行"指定起点或 [对正 (J)/比例 (S)/样式 (ST)]："的提示下输入"S"并回车，AutoCAD 会继续提示：

输入多线比例 <20.00>：输入更改的比例因子并回车。如图 3-17 所示是不同比例绘制的多线。

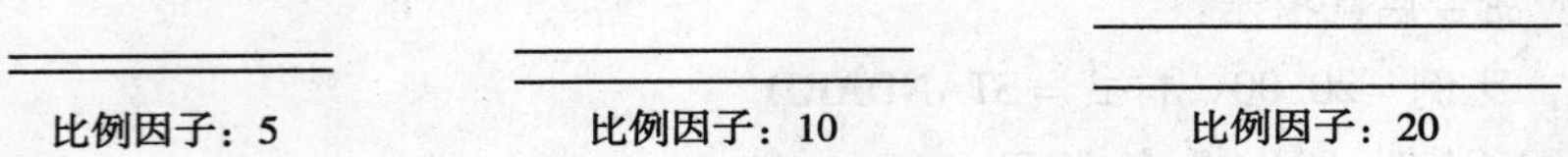

图 3-17 多线的比例因子

3) 样式 (ST)：确定绘制多线时所需要的样式。默认多线样式为 STANDARD。

在命令行"指定起点或 [对正 (J)/比例 (S)/样式 (ST)]："的提示下输入"ST"并回车，AutoCAD 会继续提示：

输入多线样式名或 [?]：输入已有的样式名。如果用户输入"?"，则显示 AutoCAD 中所有的多线样式。

执行完以上操作后，AutoCAD 会以所设置的样式、比例及对正方式绘制多线。

(2) 设置多线样式

多线中包含直线的数量、线型、颜色、平行线之间的距离等要素，这些要素组成了多线样式，多线的使用场合不同，就会有不同的要素要求，也就是不同的多线样式。AutoCAD 提供了创建多线样式的方法。下面以图3-18所示平面图为例讲解如何创建多线样式。图中墙体厚度为240mm，窗为四线表示法。

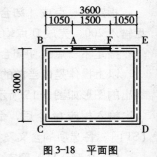

图 3-18 平面图

【命令输入】下拉菜单：格式 \ 多线样式

命令：Mlstyle

【操作格式】输入相应命令后，弹出如图 3-19 的"多线样式"对话框。对话框包括 3 个部分：多线样式选项组、元素特性、多线特性。

下面建立外墙线样式。

1) 在"名称"文本框中，选中原有文字将其删除，输入新的多线样式名称"w"。(提示：样式名称应符合多线特点，用简单的英文字母来命名，既方便操作也便于记忆。

2) 在"说明"文本框中，输入对多线样式的用途、特征等的概述，如：外墙线样式。

3）单击"添加"按钮，将新建样式加入到图形当中。

4）单击"元素特性"按钮，弹出元素特性对话框（图3-20），在这个对话框中设置平行线的数量、间隔距离、颜色、线型。默认状态下，多线由两条黑色平行线组成，线型为实线。

外墙有3条平行线，中间为轴线，线型为点划线，上下两条为实线，分别距离轴线为120mm。设置如下：

5）单击"BYLAYER Bylayer"行的任意位置选中该项，在"偏移"文本框中输入120，然后回车。上线的颜色为白色，线型为实线。这样上线就设置完成。

6）单击"添加"按钮，添加一条平行线。如图3-21所示。

中间线为轴线，需将线型改为点划线。单击"线型"按钮。弹出"选择线型"对话框，如图3-22所示。

如果对话框中没有点划线线形，需要添加。单击"加载"按钮，显示"加载或重载线型对话框"，如图3-23所示。在可用线型列表中单击"ACAD－ISO04W100"选项，然后单击确定按钮回到"选择线型"对话框，"ACAD－ISO04W100"线

图3-19 多线样式对话框

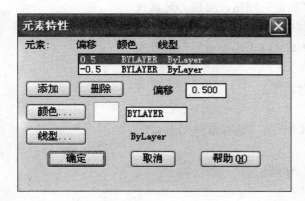

图3-20 元素特性对话框

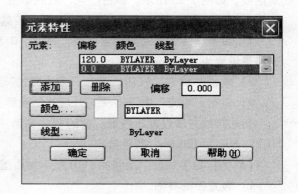

图3-21 元素特性对话框

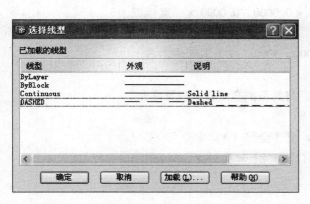

图3-22 选择线型对话框

图3-23 加载线型对话框

第3章 AutoCAD 2004 的绘图命令 · 37 ·

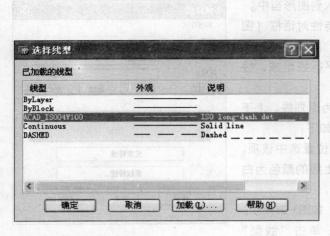 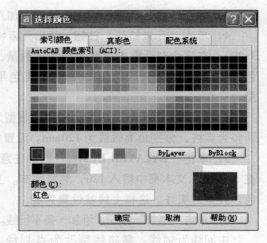

图 3-24　选择线型对话框　　　　　图 3-25　选择颜色对话框

型已经被加载，如图 3-24 所示。单击"ACAD – ISO04W100"选项，然后单击"确定"按钮，回到"元素特性"对话框，线形设置完成。

需要将轴线的颜色设置为红色。单击"颜色"按钮，显示"选择颜色"对话框，如图 3-25 所示。单击红色，然后单击"确定"按钮，回到"元素特性"对话框，颜色变为红色，颜色设置完成。这样中间的轴线设置完成。

7）设置下线，方法同设置上线，将"–0.5BYLAYER Bylayer"行选项的偏移量设置为 –120mm。

8）单击"确定"按钮，返回"多线样式"对话框。

9）单击"确定"按钮，完成外墙线的设置。

用同样的方法设置四线窗。窗的样式名为"C"，上下偏移量分别为 120、80 和 –80、–120mm，颜色自定。

·【举例】用多线命令绘制图 3-10 所示平面图。步骤如下：

1）设置图形界限

命令：Limits

指定左下角点或［开（ON）/关（OFF）］＜0.0000，0.0000＞：直接回车（图形左下角坐标按默认值）。

指定右上角点〈420.0000，297.0000＞：5000，5000（根据图形输入右上角点坐标）。

2）显示图形界限区域：图形界限设置好后，将其范围整个显示在屏幕上。

命令：Zoom

指定窗口角点，输入比例因子（nX 或 nXP），或［全部（A）/中心点（C）/动态（D）/范围（E）/上一个（P）/比例（S）/窗口（W）］＜实时＞：A（显示整个图形）。

3）用多线命令绘制外墙线

命令：Mline

当前设置：对正＝上，比例＝20.00，样式＝ST
指定起点或［对正（J）/比例（S）/样式（ST）］：J
输入对正类型［上（T）/无（Z）/下（B）］＜无＞：Z
当前设置：对正＝无，比例＝1.00，样式＝C
指定起点或［对正（J）/比例（S）/样式（ST）］：ST
输入多线样式名或［？］：W
当前设置：对正＝无，比例＝1.00，样式＝W
指定起点或［对正（J）/比例（S）/样式（ST）］：S
输入多线比例＜1.00＞：1
当前设置：对正＝无，比例＝1.00，样式＝W
指定起点或［对正（J）/比例（S）/样式（ST）］：在屏幕上拾取点A。
指定下一点：将鼠标往左面拖动，键盘输入1050，点B拾取完成。
指定下一点或［放弃（U）］：将鼠标往下面拖动，键盘输入3000，点C拾取完成。
指定下一点或［闭合（C）/放弃（U）］：将鼠标往右面拖动，键盘输入3600，点D拾取完成。
指定下一点或［闭合（C）/放弃（U）］：将鼠标往上面拖动，键盘输入3000，点E拾取完成。
指定下一点或［闭合（C）/放弃（U）］：将鼠标往左面拖动，键盘输入1050，点F拾取完成。
指定下一点或［闭合（C）/放弃（U）］：按回车结束命令。

4）用多线绘制窗户

命令：Mline
当前设置：对正＝上，比例＝20.00，样式＝ST
输入多线样式名或［？］：C
当前设置：对正＝无，比例＝1.00，样式＝C
指定起点或［对正（J）/比例（S）/样式（ST）］：在屏幕上拾取点A。
指定下一点：将鼠标往左面拖动，键盘输入1500，点B拾取完成。(或者用捕捉功能捕捉点F)。
指定下一点或［闭合（C）/放弃（U）］：按回车结束命令。绘制出如图3-18所示平面图。

## 3.3.2 多段线

【功能】绘制在两个方向上无限延长的二维或三维直线，常用做绘制其他对象的参照。

【命令输入】下拉菜单：绘图 \ 多段线
　　　　　　　工具栏：绘图》构造线 ╱
　　　　　　　命令：Pline 或 Pl

【操作格式】输入相应命令后，提示：

指定起点：输入起点（用鼠标左键在屏幕上拾取）。

当前线宽为 0.0000

指定下一个点或 ［圆弧（A）/半宽（H）/长度（L）/放弃（U）/宽度（W）］：

提示行中各选项的含义如下：

1）指定下一点：默认选项。直接输入一点作为线的一个端点。

2）圆弧（A）：选择此项后，从画直线多段线切换到画弧多段线，并出现如下提示指定圆弧的端点或 ［角度（A）/圆心（CE）/方向（D）/半宽（H）/直线（L）/半径（R）/第二个点（S）/放弃（U）/宽度（W）］：

在该提示下移动十字光标，屏幕上出现橡皮线。提示行中各选项含义如下：

①指定圆弧的端点：默认选项。输入圆弧的端点作为圆弧的终点。

②角度（A）：该选项用于指定圆弧的内含角。

③圆心（CE）：为圆弧指定圆心。

④方向（D）：重定圆弧的起点切线方向。

⑤直线（L）：从画圆弧的模式返回绘直线方式。

⑥半径（R）：指定圆弧的半径。

⑦第二个点（S）：指定三点画弧的第二点。

其他选项与多段线命令中的同名选项含义相同，可以参考下面的介绍。

3）半宽（H）：该选项用于设置多段线的半宽值。执行该选项时，AutoCAD 将提示输入多段线的起点半宽值和终点半宽值。

4）长度（L）：用输入距离的方法绘制下一段多段线。执行该选项时，AutoCAD 会自动按照上一段直线的方向绘制下一段直线；若上一段多段线为圆弧，则按圆弧的切线方向绘制下一段直线。

5）放弃（U）：取消上一次绘制的多段线段。该选项可以连续使用。

6）宽度（W）：设置多段线的宽度。AutoCAD 执行该选项后，将出现如下提示：

指定起点宽度 <0.0000>：输入起点宽度。

指定端点宽度 <0.0000>：输入终点宽度。

【说明】

1）系统默认的宽度值为 0mm，多段线中每段线的宽度可以不同，可以分别设置，而且每段线的起点和终点的宽度也可以不同。多段线起点宽度以上一次输入值为默认值，而终点宽度值则以起点宽度为默认值。

2）当多段线的宽度大于 0 时，若想绘制闭合的多段线，一定要用闭合选项，才能使其完全封闭；否则，会出现缺口。

【举例】用多段线命令绘制图 3-26 所示的拱门。拱门由 3 段线组成，AB 段为直线，宽度为 0；BC 段为圆弧，起点宽度为 0，终点宽度为 100；CD 段为

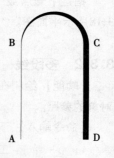

图 3-26　拱门

直线，宽度为 100，绘制步骤如下：

命令：Pline 或 Pl

指定起点：在屏幕上拾取点 A，当前线宽为 0.0000

指定下一个点或［圆弧（A）/半宽（H）/长度（L）/放弃（U）/宽度（W）］：＜正交开＞1800（将鼠标往上移动，键盘输入 1800，点 B 拾取完毕。）

指定下一点或［圆弧（A）/闭合（C）/半宽（H）/长度（L）/放弃（U）/宽度（W）］：a（将直线切换为圆弧）

指定圆弧的端点或［角度（A）/圆心（CE）/闭合（CL）/方向（D）/半宽（H）/直线（L）/半径（R）/第二个点（S）/放弃（U）/宽度（W）］：w（设置 BC 宽度）。

指定起点宽度＜0.0000＞：（直接回车，起点宽度为默认值 0）。

指定端点宽度＜0.0000＞：100（输入终点宽度）。

指定圆弧的端点或［角度（A）/圆心（CE）/闭合（CL）/方向（D）/半宽（H）/直线（L）/半径（R）/第二个点（S）/放弃（U）/宽度（W）］：1200（鼠标移动到 B 点右侧，以输入距离的方式用键盘输入 1200，点 C 拾取完毕）。

指定圆弧的端点或［角度（A）/圆心（CE）/闭合（CL）/方向（D）/半宽（H）/直线（L）/半径（R）/第二个点（S）/放弃（U）/宽度（W）］：l（输入直线 L 选项，将圆弧方式切换到直线方式）。

指定下一点或［圆弧（A）/闭合（C）/半宽（H）/长度（L）/放弃（U）/宽度（W）］：1800（将鼠标移动到 C 点的下方，以输入距离的方式用键盘输入 1800，点 D 拾取完毕）。

指定下一点或［圆弧（A）/闭合（C）/半宽（H）/长度（L）/放弃（U）/宽度（W）］：按回车结束命令。

【举例】用多段线命令绘制图 3-27 所示的箭头，绘制步骤如下：

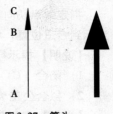

图 3-27 箭头

命令：Pline 或 Pl

指定起点：在屏幕上拾取点 A，当前线宽为 0.0000

指定下一个点或［圆弧（A）/半宽（H）/长度（L）/放弃（U）/宽度（W）］：＜正交开＞1800（将鼠标往上移动，键盘输入 1800，点 B 拾取完毕。）

指定下一点或［圆弧（A）/闭合（C）/半宽（H）/长度（L）/放弃（U）/宽度（W）］：W 设置 B 点处宽度）。

指定起点宽度＜0.0000＞：（设置 B 点处宽度为 100）。

指定端点宽度＜0.0000＞：0（输入终点宽度）。

指定圆弧的端点或［角度（A）/圆心（CE）/闭合（CL）/方向（D）/半宽（H）/直线（L）/半径（R）/第二个点（S）/放弃（U）/宽度（W）］：600（鼠标移动到上方，以输入距离的方式确定点 C）。

用同样的方法完成右边的箭头。

### 3.3.3 样条曲线

样条曲线是指通过给定的一些点拟合生成的光滑曲线。样条曲线最少应有

3 个点。在园林设计中，经常使用样条曲线命令绘制曲线，例如园林道路、水面、绿地、花坛等等。

【功能】绘制样条曲线

【命令输入】下拉菜单：绘图\样条曲线

工具栏：绘图\样条曲线 ～

命令：Spline 或 Spl

【操作格式】输入相应命令后，提示：

指定第一个点或［对象（O）］：用鼠标在屏幕上拾取点 1 作为曲线的起点。

指定下一点：单击鼠标左键，拾取点 2。

指定下一点或［闭合（C）/拟合公差（F）］＜起点切向＞：单击鼠标左键，拾取点 3。

指定下一点或［闭合（C）/拟合公差（F）］＜起点切向＞：单击鼠标左键，拾取点 4。

指定下一点或［闭合（C）/拟合公差（F）］＜起点切向＞：按回车结束命令。

指定起点切向：移动鼠标会有不同的切线方向，曲线的形状也不同，调整光标到合适位置，单击左键。

指定端点切向：移动鼠标会有不同的切线方向，曲线的形状也不同，调整光标到合适位置，单击左键。绘制出如图 3-28（a）所示的曲线。

【说明】提示行中各选项含义如下：

1）闭合（C）：绘制封闭的样条曲线，就是终点和起点相接。

2）拟合公差（F）：用来控制样条曲线对数据点的接近程度。

【举例】用样条曲线绘制如图 3-28（b）所示水池和汀步。

命令：Spline 或 SPL

指定第一个点或［对象（O）］：用鼠标在屏幕上拾取第一点作为曲线的起点。

指定下一点：单击鼠标左键，根据图形拾取第二点。

指定下一点：单击鼠标左键，根据图形拾取第三点。

指定下一点或［闭合（C）/拟合公差（F）］＜起点切向＞：按图继续不断的拾取下一点。

指定下一点或［闭合（C）/拟合公差（F）］＜起点切向＞：C（封闭样条曲线）

指定切向：指定样条曲线在闭合点的切线方向，水池绘制完成。

用同样的方法绘制汀步。

【举例】用样条曲线绘制如图 3-29 所示木材断面。

命令：Spline 或 SPL

指定第一个点或［对象（O）］：用鼠标在屏幕上拾取第一点作为曲线的

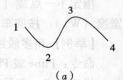

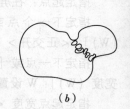

图 3-28 绘制样条曲线

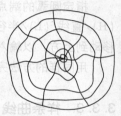

图 3-29 绘制木材断面

起点。

指定下一点：单击鼠标左键，根据图形拾取第二点。

指定下一点：单击鼠标左键，根据图形拾取第三点。

指定下一点或［闭合（C）/拟合公差（F）］＜起点切向＞：按图继续不断的拾取下一点。

指定下一点或［闭合（C）/拟合公差（F）］＜起点切向＞：C（封闭样条曲线）

指定切向：指定样条曲线在闭合点的切线方向，木纹的最外圈绘制完毕。

用同样的方法绘制内圈。最后绘制斜向纹理。

### 3.3.4 徒手画线

在绘制园林设计图的过程中，有时候要绘制一些不规则的线条和图形，如假山、绿化等，根据这一需要提供了徒手画命令。通过该命令，移动光标可以在屏幕上绘制出任意形状的线条或图形，就像在纸上直接用笔来绘制一样。

【功能】绘制无规则的线条

命令：Sketch

【操作格式】输入相应命令后，提示：

记录增量＜1.0000＞：回车，记录增量为默认值。

徒手画。画笔（P）/退出（X）/结束（Q）/记录（R）/删除（E）/连接（C）：在屏幕上单击左键拾取起点。

＜笔落＞：这时候就像笔已经落到纸上，此时只需要向下移动鼠标，绘制如图3-30所示图形中，"园"字的一竖。

＜笔提＞：绘制完毕单击左键，这时候就像笔已经抬起，"园"字的一竖完成。颜色为绿色。

继续按上述方法把"园林"二字写完，然后回车结束命令，图形由绿色变为白色。

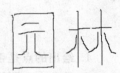

图3-30　无规则线条绘制

### 3.3.5 修订云线

【功能】绘制由圆弧线组成的连续线，在园林上常用于绘制成片的树木和灌木。

【命令输入】下拉菜单：绘图\修订云线

工具栏：绘图\修订云线

命令：Revcloud

【操作格式】输入相应命令后，提示：

最小弧长：15 最大弧长：15（当前最大和最小弧长，可以重新定义）。

指定起点或［弧长（A）/对象（O）］＜对象＞：a（选择弧长选项，重新定义弧长）。

指定最小弧长＜5＞：15

指定最大弧长 <15>：30

指定起点或［对象（O）］<对象>：在屏幕上单击鼠标左键，拾取一点作为起点，沿所需要的形状移动光标，不断拾取下一点，最后将光标移动到起点附近，云线会自动闭合，修订云线完成。绘出如图3-31（a）所示图形。

图3-27（a）所示图形为修订云线外凸，图3-29（b）所示图形为修订云线内凹。

内凹云线的绘制方法如下：

1）首先将外凸的云线画好，然后点击工具栏：绘图 \ 修订云线

2）命令：Revcloud

最小弧长：15　最大弧长：30

指定起点或［弧长（A）/对象（O）］<对象>：O（选择"对象"选项）

选择对象：将光标移动到画好的云线上，选中云线。

反转方向［是（Y）/否（N）］<否>：y（确认云线反转方向，也就是将外凸的转为内凹的）。

按回车结束命令，修订云线完成。

图3-31　云线修订

## 复习思考题

1. 绘出的点是否可以在屏幕上看见？如何改变点的显示形式？
2. 等分点和测量点有什么作用？如何绘制？为什么有时候绘制后图中没有显示？
3. Line命令的快捷菜单包含哪几个选项？
4. 构造线与一般直线有什么实质上的不同？它的主要用途是什么？
5. 绘制多段线时应注意的问题有哪些？
6. 如何妙用多线命令？
7. 绘制正多边形有几种方法？如何根据具体情况选择使用？
8. 使用Rectangle命令绘制的矩形和用Line命令绘制的矩形有什么区别？
9. 根据具体情况，如何使用各种绘制圆的方式？
10. 根据具体情况，如何使用各种绘制圆弧的方式？
11. 如何用圆环命令绘制填充圆？
12. 绘制椭圆的几种方式及其原理是什么？
13. 如何用样条曲线绘制园林图中的一些配景？
14. 在使用徒手画时应注意什么？
15. 如何用修订云线绘制园林图中的一些绿化？

第 4 章　AutoCAD 2004 的图形编辑命令

在绘图时，单纯使用实体绘图命令，只能创建一些基本的图形实体。而对某些复杂的图形，常常必须使用编辑命令才能完成图形的绘制。图形编辑功能提高了绘图的准确性和效率。图形编辑命令输入时，经常使用三种方法：工具条、下拉菜单和键盘。

## 4.1 构造选择集

AutoCAD 必须先选中对象，才能对它进行编辑，这些被选中的对象被称为选择集。构造选择集的方法有：
①调用编辑命令，然后选择实体对象并确认，一般常用该方法。
②选择实体对象，然后调用编辑命令。
③用构造选择集命令（Select），选择编辑对象。

### 4.1.1 调用编辑命令后，选择实体对象

当输入一个图形编辑命令后，一般系统会出现"选择对象："提示。这时，屏幕上的十字光标就会变成小方框，称之为"目标选择框"。有多种方式构造选择集。

在"选择对象："提示下输入"?"，系统将显示所有可用的选择模式：

需要点或窗口（W）/上一个（L）/窗交（C）/框（BOX）/全部（ALL）/栏选（F）/圈围（WP）/圈交（CP）/编组（G）/类（CL）/添加（A）/删除（R）/多个（M）/上一个（P）/放弃（U）/自动（AU）/单个（SI）

其中各种选择模式说明如下：

1)"窗口（Windows）"模式：在该模式下，用户可使用光标在屏幕上指定两个点来定义一个矩形窗口。如果某些可见对象完全包含在该窗口之中，则这些对象将被选中。

2)"上一个（Last）"：选择最近一次创建的可见对象。

3)"窗交（Crossing）"：与"Window"模式类似，该模式同样需要用户在屏幕上指定两个点来定义一个矩形窗口。不同之处在于，该矩形窗口显示为虚线的形式，而且在该窗口之中所有可见对象均将被选中，而无论其是否完全位于该窗口中。

4)"窗选（BOX）"："窗口"模式和"窗交"模式的组合，如果用户在屏幕上以从左向右的顺序来定义矩形的角点，则为"窗口"模式。反之，则为"窗交"模式。

5)"全部（ALL）"：选择非冻结的图层上的所有对象。

6)"栏选（Fence）"：在该模式下，用户可指定一系列的点来定义一条任意的折线作为选择栏，并以虚线的形式显示在屏幕上，所有其相交的对象均被选中。

7)"圈围（WPolygon）"：在该模式下，用户可指定一系列的点来定义一

个任意形状的多边形，如果某些可见对象完全包含在该多边形之中，则这些对象将被选中。注意，该多边形不能与自身相交或相切。

8)"圈交（CPlolygon）"：与"窗口"模式类似，但多边形显示为虚线，而且在该多边形之中，所有可见对象均将被选中，而无论其是否完全位于该多边形中。

9)"编组（Group）"：选择指定组中的全部对象。关于编组请参见第7章。

10)"添加（Add）"：在该模式下，可以通过任意对象选择方法将选定的对象添加到选择集中。该模式为缺省模式。

11)"删除（Remove）"：在该模式下，可以使用任何对象选择方式将对象从当前选择集中删除。

12)"多选（Multi）"：指定多次选择而不虚线显示对象，从而加快对复杂对象的选择过程。

13)"前一个（Previous）"：选择最近创建的选择集。如果图形中删除对象后将清除该选择集。

14)"放弃（Undo）"：放弃选择最近加到选择集中的对象。

15)"自动（AUto）"：在该模式下，用户可直接选择某个对象，或使用"BOX"模式进行选择。该模式为缺省模式。

16)"单选（SIngle）"：在该模式下，用户可选择指定的一个或一组对象而不是连续提示进行更多的选择。

### 4.1.2 用构造选择集命令（Select）选择编辑对象

（1）命令功能

在图形中构造一个供编辑用的选择集。

（2）调用该命令的方式

键盘输入命令：Select

系统提示：

选择对象：（选择对象）

可以用各种方式选择目标，选中的目标开始以"醒目"显示，确认后完成整个目标构造后，所有目标都恢复正常显示。在调用编辑命令时，键入P即可调用该选择集。

## 4.2 基本编辑命令

基本编辑命令工具栏的默认位置在作图区右侧，修改工具条如图4-1所示。

图4-1 修改工具条

修改菜单、快捷菜单如图4-2所示。

### 4.2.1 删除（erase）命令

（1）命令功能

删除命令可以在图形中删除所选择的一个或多个对象。对于一个已删除对象，虽然在屏幕上看不到它，但在图形文件还没有被关闭之前该对象仍保留在图形数据库中，可利用"undo"进行恢复。当图形文件被关闭后，则该对象将被永久性地删除。

（2）调用该命令的方式

工具栏："修改"→

菜单：【修改（M）】→【删除（E）】

快捷菜单：选定对象后单击右键，弹出快捷菜单，选择"删除"项

命令行：erase（e）

（3）操作步骤

调用该命令后，系统将提示选择对象：

选择对象：

可在此提示下构造对象选择集，并回车确定。

图4-2 修改菜单、快捷菜单

### 4.2.2 复制（copy）命令

（1）命令功能

复制命令可以将所选择的一个或多个对象生成一个副本，并将该副本放置到其他位置。

（2）调用该命令的方式

工具栏："修改"→ 

菜单：【修改（M）】→【复制（Y）】

快捷菜单：选定对象后单击右键，弹出快捷菜单，选择"复制"项

命令行：copy（co、cp）

（3）操作步骤

调用该命令后，系统将提示选择对象：

选择对象：

可在此提示下构造要复制的对象的选择集，并回车确定，系统进一步提示：

指定基点或位移，或者[重复（M）]：

此时，可选择"重复（M）"选项来进行多次复制而不必退出当前的复制命令。除此之外，其他的操作过程同移动命令完全相同。不同之处仅在于操作

结果,即移动命令是将原选择对象移动到指定位置,而复制命令则将其副本放置在指定位置,而原选择对象并不发生任何变化。

### 4.2.3 镜像(mirror)命令

(1) 命令功能

"镜像"命令可围绕用两点定义的镜像轴线来创建选择对象的镜像。

(2) 调用该命令方式

工具栏:"修改"→ ◢▤

菜单:【修改(M)】→【镜像(I)】

命令行:mirror(mi)

(3) 操作步骤

调用该命令后,系统首先提示选择进行镜像操作的对象:

选择对象:

然后系统提示指定两点来定义的镜像轴线:

指定镜像线的第一点:

指定镜像线的第二点:

最后可选择是否删除源对象:

是否删除源对象?[是(Y)/否(N)]<N>:

如果镜像对象含有文字,镜像后的文字是否可读受系统变量 Mirrtext 控制。Mirrtext=0,文字"正",可读。如图4-3(a)所示。Mirrtext=1,文字"反",不可读。如图4-3(b)所示。

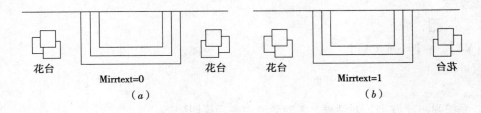

图 4-3 文字"正""反"镜像图

### 4.2.4 偏移(offset)命令

(1) 命令功能

"偏移"命令可利用两种方式对选中对象进行偏移操作,从而创建新的对象:一种是按指定的距离进行偏移;另一种则是通过指定点来进行偏移。该命令常用于创建同心圆、平行线和平行曲线等。

(2) 调用该命令方式

工具栏:"修改"→ ⟅

菜单:【修改(M)】→【偏移(S)】

命令行:offset(o)

(3) 操作步骤

调用该命令后，系统首先要求指定偏移的距离或选择"通过"选项指定"通过点"方式：

指定偏移距离或［通过（T）］<通过>：

然后系统提示选择需要进行偏移操作的对象或选择"退出"项结束命令：

选择要偏移的对象或 <退出>：

选择对象后，如果是按距离偏移，系统提示指定偏移的方向（在进行偏移的一侧任选一点即可）：

指定点以确定偏移所在一侧：

而如果是按"通过点"方式进行偏移，则系统将提示指定"通过点"：

指定通过点：

偏移操作的两种方式如图4-4所示。

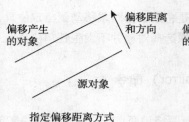
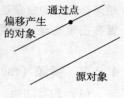

图4-4 偏移操作方式的比较

使用"偏移"命令时必须先启动命令，后选择要编辑的对象；启动该命令时已选择的对象将自动取消选择状态。

"偏移"命令不能用在三维面或三维对象上。

系统变量 OFFSETDIST 存储当前偏移值。

### 4.2.5 阵列（array）命令

（1）命令功能

"阵列"命令可利用两种方式对选中对象进行阵列操作，从而创建新的对象：一种是矩形阵列；另一种是环形阵列。

（2）调用该命令方式

工具栏："修改"→ 品

菜单：【修改（M）】→【阵列（A）】

命令行：array（ar）

（3）操作步骤

调用该命令后，系统弹出"阵列"对话框，该对话框中各项说明如下：

1)"中心点"：指定环形阵列的中心点。

2)"项目总数"：指定阵列操作后源对象及其副本对象的总数。

3)"填充角度"：指定分布了全部项目的圆弧的夹角。该夹角以阵列中心点与源对象基点之间的连线所成的角度。

4)"项目间夹角"：指定两个相邻项目之间的夹角。即阵列中心点与任意两个相邻项目基点的连线所成的角度。

5)"复制时旋转项目"：如果选择该项，则阵列操作所生成的副本进行旋转时，图形上的任一点均同时进行旋转。如果不选择该项，则阵列操作所生成的副本保持与源对象相同的方向不变，而只改变相对位置。

环形阵列

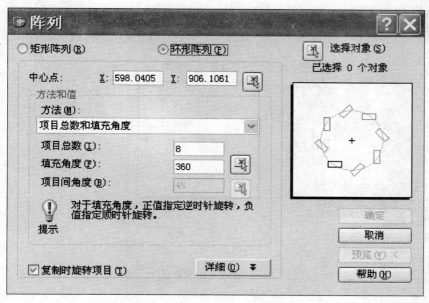

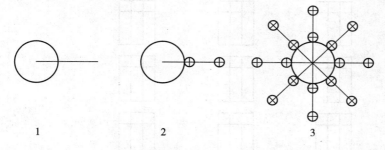

图 4-5 环形阵列示意图

完成设置后,可单击 预览(V) < 按钮来预览阵列操作的效果,这时系统弹出如图4-6所示对话框。

查看阵列操作效果后,可单击按钮 接受 确定设置并完成阵列命令;或单击 修改 按钮返回"阵列"对话框修改设置;或单击 取消 按钮取消阵列命令。

图 4-6 阵列预览对话框

课堂练习

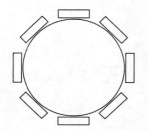
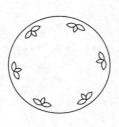
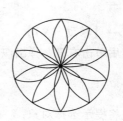

图 4-7 环形阵列练习图

矩形阵列

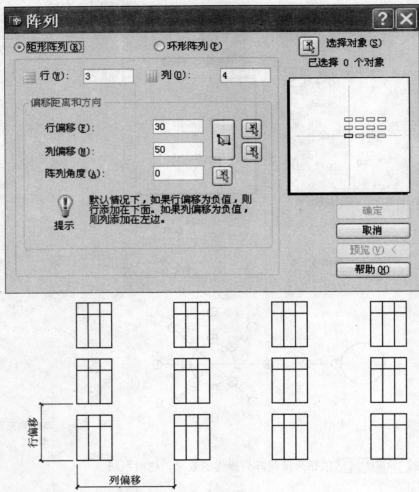

图 4-8 矩形阵列示意图

### 4.2.6 移动（move）命令

（1）命令功能

移动命令可以将所选择的一个或多个对象平移到其他位置，但不改变对象的方向和大小。

（2）调用该命令方式

工具栏："修改" → ✣

菜单：【修改（M）】→【移动（V）】

快捷菜单：选定对象后单击右键，弹出快捷菜单，选择"移动"项

命令行：move（m）

（3）操作步骤

调用该命令后，系统将提示选择对象：

选择对象：

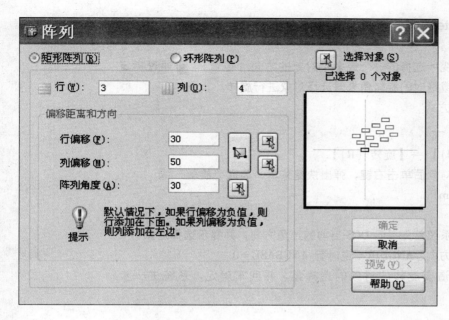

图 4-9 矩形阵列示意图

可在此提示下构造要移动的对象的选择集,并回车确定,系统进一步提示:

指定基点或位移:

要求指定一个基点,可通过键盘输入或鼠标选择来确定基点,此时系统提示为:

指定位移的第二点或 <用第一点作位移>:

这时有两种选择:

1)指定第二点:系统将根据基点到第二点之间的距离和方向来确定选中对象的移动距离和移动方向。在这种情况下,移动的效果只与两个点之间的相对位置有关,而与点的绝对坐标无关。

2)直接回车:系统将基点的坐标值作为相对的 X、Y、Z 位移值。在这种情况下,基点的坐标确定了位移矢量(即原点到基点之间的距离和方向),因此,基点不能随意确定。

### 4.2.7 旋转（rotate）命令

（1）命令功能

旋转命令可以改变所选择的一个或多个对象的方向（位置）。可通过指定一个基点和一个相对或绝对的旋转角来对选择对象进行旋转。

（2）调用该命令方式

工具栏："修改"→ ⟳

菜单：【修改（M）】→【旋转（R）】

快捷菜单：选定对象后单击右键，弹出快捷菜单，选择"旋转"项

命令行：rotate（ro）

（3）操作步骤

调用该命令后，系统首先提示 UCS 当前的正角方向，并提示选择对象：

UCS 当前的正角方向：ANGDIR = 逆时针 ANGBASE = 0

可在此提示下构造要旋转的对象的选择集，并回车确定，系统进一步提示：

指定基点：

指定旋转角度或 [参照（R）]：

首先需要指定一个基点，即旋转对象时的中心点；然后指定旋转的角度，这时有两种方式可供选择：

1）直接指定旋转角度：即以当前的正角方向为基准，按指定的角度进行旋转。

2）选择"参照（R)"：选择该选项后，系统首先提示指定一个参照角，然后再指定以参照角为基准的新的角度。

指定参照角 <0>：

指定新角度：

### 4.2.8 缩放（scale）命令

（1）命令功能

缩放命令可以改变所选择的一个或多个对象的大小，即在 X、Y 和 Z 方向等比例放大或缩小对象。

（2）调用该命令方式

工具栏："修改"→ ▫

菜单：【修改（M）】→【比例（L）】

快捷菜单：选定对象后单击右键，弹出快捷菜单，选择"比例"项

命令行：scale（sc）

（3）操作步骤

调用该命令后，系统首先提示选择对象：

选择对象：

可在此提示下构造要比例缩放的对象的选择集，并回车确定，系统进一步提示：

指定基点：

指定比例因子或 [参照 (R)]：

首先需要指定一个基点，即进行缩放时的中心点；然后指定比例因子，这时有两种方式可供选择：

直接指定比例因子：大于 1 的比例因子使对象放大，而介于 0 和 1 之间的比例因子将使对象缩小。

选择"参照 (R)"：选择该选项后，系统首先提示指定参照长度（缺省为 1），然后再指定一个新的长度，并以新的长度与参照长度之比作为比例因子。

指定参照长度 <1>：

指定新长度：

## 4.2.9 拉伸 (stretch) 命令

(1) 命令功能

使用拉伸命令时，必须用交叉多边形或交叉窗口的方式来选择对象。如果将对象全部选中，则该命令相当于"移动"命令。如果选择了部分对象，则"拉伸"命令只移动选择范围内的对象的端点，而其他端点保持不变（图 4-10）。可用于"拉伸"命令的对象包括圆弧、椭圆弧、直线、多段线线段、射线和样条曲线等。

(2) 调用该命令方式

工具栏："修改" → 

菜单：【修改 (M)】 → 【拉伸 (H)】

命令行：stretch (s)

(3) 操作步骤

调用该命令后，系统提示交叉窗口或交叉多边形的方式来选择对象：

以交叉窗口或交叉多边形选择要拉伸的对象…

选择对象：

然后提示进行移动操作，操作过程同"移动"命令：

指定基点或位移：

指定位移的第二个点或 <用第一个点作位移>：

图 4-10 拉伸示意图

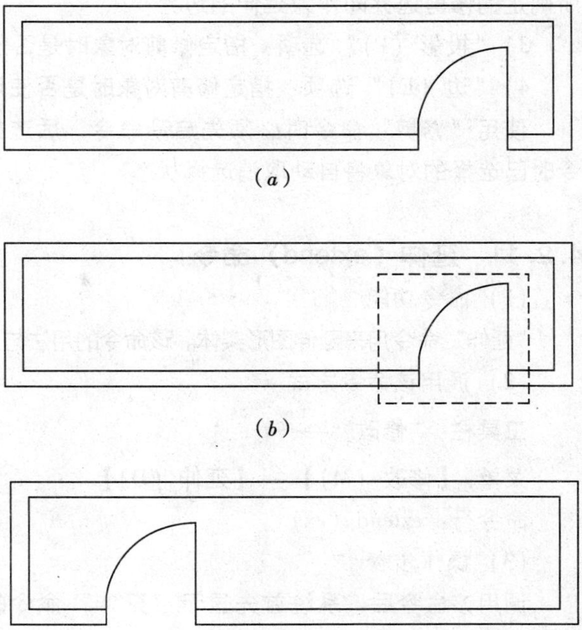

(a)

(b)

(c)

### 4.2.10 修剪(trim)命令

(1) 命令功能

"修剪"命令用来修剪图形实体。该命令的用法很多,不仅可以修剪相交或不相交的二维对象,还可以修剪三维对象。

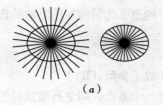

(a)            (b)

图 4-11 不同修剪方法
(a) 逐个修剪;(b) 选椭圆为剪切边回车,F 回车,栏选

(2) 调用该命令方式

工具栏:"修改"→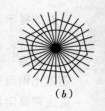

菜单:【修改(M)】→【修剪(T)】

命令行:trim (tr)

(3) 操作步骤

调用该命令后,系统首先显示"修剪"命令的当前设置,并提示选择修剪边界:

当前设置:投影 = UCS,边 = 无

选择剪切边…

选择对象:

确定修剪边界后,系统进一步提示如下:

选择要修剪的对象,或按住 Shift 键选择要延伸的对象,或[投影(P)/边(E)/放弃(U)]:

此时,可选择如下操作:

1) 直接用鼠标选择被修剪的对象;

2) 按 Shift 键的同时来选择对象,这种情况下可作为"延伸"命令使用。所确定的修剪边界即作为延伸的边界;

3) "投影(P)"选项:指定修剪对象时是否使用的投影模式。

4) "边(E)"选项:指定修剪对象时是否使用延伸模式。

使用"修剪"命令时必须先启动命令,后选择要编辑的对象;启动该命令时已选择的对象将自动取消选择状态。

### 4.2.11 延伸(extend)命令

(1) 命令功能

"延伸"命令用来延伸图形实体。该命令的用法与"修剪"命令几乎完全相同。

(2) 调用该命令方式

工具栏:"修改"→ ──/

菜单:【修改(M)】→【延伸(D)】

命令行:extend (ex)

(3) 操作步骤

调用该命令后,系统首先显示"延伸"命令的当前设置,并提示选择延伸边界:

当前设置：投影 = UCS，边 = 无
选择边界的边…
选择对象：

确定延伸边界后，系统进一步提示如下：

选择要延伸的对象，或按住 Shift 键选择要修剪的对象，或 [投影（P）/边（E）/放弃（U）]：

此时，可选择如下操作：

1）直接用鼠标选择被延伸的对象。

2）按 Shift 键的同时来选择对象，这种情况下可作为"修剪"命令使用。所确定的延伸边界即作为修剪的边界。

其他选项同"修剪"命令。

同"修剪"命令一样，使用"延伸"命令时必须先启动命令，后选择要编辑的对象；启动该命令时已选择的对象将自动取消选择状态。

## 4.2.12 打断（break）命令

(1) 命令功能

打断命令可以把对象上指定两点之间的部分删除，当指定的两点相同时，则对象分解为两个部分（图4-12）。这些对象包括直线、圆弧、圆、多段线、椭圆、样条曲线和圆环等。

(2) 调用该命令方式

工具栏："修改"→ □

菜单：【修改（M）】→【打断（K）】

命令行：break（br）

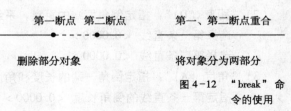

图4-12 "break"命令的使用

(3) 操作步骤

调用该命令后，系统将提示选择对象：

选择对象：

选择某个对象后，系统把选择点作为第一断点，并提示选择第二断点：

指定第二个打断点或 [第一点（F）]：

如果需要重新指定第一断点，则可选择"第一点（F）"选项，系统将分别提示选择第一、第二断点：

指定第二个打断点或 [第一点（F）]：F

指定第一个打断点：

指定第二个打断点：

如果希望第二断点和第一断点重合，则可在指定第二断点坐标时输入"@"即可。也可直接使用"修改"工具栏中的 □ 图标。

## 4.2.13 倒角（chamfer）命令

(1) 命令功能

"倒角"命令用来创建倒角，即将两个非平行的对象，通过延伸或修剪使它们相交或利用斜线连接。可使用两种方法来创建倒角，一种是指定倒角两端的距离；另一种是指定一端的距离和倒角的角度，如图4-13所示。该命令的用法与"fillet"命令类似。

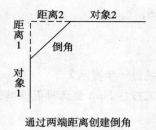
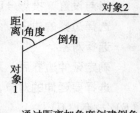

图4-13 倒角的两种创建方法

（2）调用该命令方式

工具栏："修改" → 

菜单：【修改（M）】→【倒角（C）】

命令行：chamfer（cha）

（3）操作步骤

调用该命令后，系统首先显示"倒角"命令的当前设置，并提示选择进行倒角操作的对象：

（"修剪"模式）当前倒角距离1 = 0.0000，距离2 = 0.0000

选择第一条直线或 [多段线（P）/距离（D）/角度（A）/修剪（T）/方式（M）/多个（U）]：

选择第二条直线：

此外，也可选择如下选项：

1）"多段线（P）"：该选项用法同"圆角 fillet"命令。

2）"距离（D）"：指定倒角两端的距离，系统提示如下：

　　选择第一条直线 <0.0000>：

　　选择第二条直线 <0.0000>：

3）"角度（A）"：指定倒角一端的长度和角度，系统提示如下：

　　指定第一条直线的倒角长度 <0.0000>：

　　指定第一条直线的倒角角度 <0>：

4）"修剪（T）"：该选项用法同"圆角 fillet"命令。

5）"方式（M）"：该选项用于决定创建倒角的方法，即使用两个距离的方法或使用距离加角度方法。

使用"倒角"命令时必须先启动命令，后选择要编辑的对象；启动该命令时已选择的对象将自动取消选择状态。

注意：同圆角一样，如果要进行倒角的两个对象都位于同一图层，那么倒角线将位于该图层。否则，倒角线将位于当前图层中。此规则同样适用于倒角颜色、线型和线宽。

### 4.2.14 圆角（fillet）命令

（1）命令功能

"圆角"命令用来创建圆角，可以通过一个指定半径的圆弧来光滑地连接两个对象。可以进行圆角处理的对象包括直线、多段线的直线段、样条曲线、构造线、射线、圆、圆弧和椭圆等。其中，直线、构造线和射线在相互平行时也可进行圆角。

(2) 调用该命令方式

工具栏："修改"→

菜单：【修改（M）】→【圆角（F）】

命令行：fillet（f）

(3) 操作步骤

调用该命令后，系统首先显示"fillet"命令的当前设置，并提示选择进行圆角操作的对象：

当前设置：模式＝修剪，半径＝0.0000

选择第一个对象或 [多段线（P）/半径（R）/修剪（T）/多个（U）]：

选择第二个对象：

此外，也可选择如下选项：

"多段线（P）"：选择该选项后，系统提示指定二维多段线，并在二维多段线中两条线段相交的每个顶点处插入圆角弧。

选择二维多段线：

"半径（R）"：指定圆角的半径，系统提示如下：

指定圆角半径＜0.0000＞：

"修剪（T）"：指定进行圆角操作时是否使用修剪模式，系统提示如下：

输入修剪模式选项 [修剪（T）/不修剪（N）] ＜修剪＞：

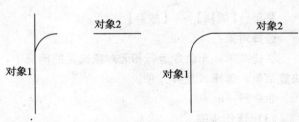

在"NO Trim"模式下创建圆角　　在"Trim"模式下创建圆角

图 4-14　圆角命令的修剪模式

其中"修剪"选项可以自动修剪进行圆角的对象，使之延伸到圆角的端点。而使用"不修剪"选项则不进行修剪。两种模式的比较如图 4-14 所示。

使用"圆角"命令时必须先启动命令，后选择要编辑的对象；启动该命令时已选择的对象将自动取消选择状态。

注意：如果要进行圆角的两个对象都位于同一图层，那么圆角线将位于该图层。否则，圆角线将位于当前图层中。此规则同样适用于圆角颜色、线型和线宽。

系统变量 TRIMMODE 控制圆角和倒角的修剪模式，如果取值为 1（缺省值），则使用修剪模式；如果取值为 0 则不修剪。

课堂练习（图 4-15）

图 4-15　练习图

## 4.2.15　分解（explode）命令

(1) 命令功能

"分解"命令用于分解组合对象，组合对象即由多个 AutoCAD 基本对象组合而成的复杂对象，例如多段线、多线、标注、块、面域、多面网格、多边形网格、三维网格以及三维实体等等。分解的结果取决于组合对象的类型，将在后面的相关章节中具体介绍。

(2) 调用该命令方式

工具栏:"修改"→

菜单:【修改(M)】→【分解(X)】

命令行:explode (x)

(3) 操作步骤

调用该命令后,选择要分解的对象,按 Enter 键。

### 4.2.16 放弃(undo)

(1) 命令功能

放弃命令可以取消上一次的操作。

(2) 调用该命令方式

工具栏:"标准"→

菜单:【编辑】→【放弃】

选择对象:

快捷菜单:无命令运行和无对象选定的情况下,在绘图区域单击右键弹出快捷菜单,选择"放弃"项。

命令行:u

(3) 操作步骤

调用该命令后,系统将自动取消用户上一次的操作。连续调用该命令,逐步返回到图形最初载入时的状态。

注意:如果某项操作不能放弃,AutoCAD 将显示该命令名但不执行其他操作。该命令不能放弃当前图形的外部操作(例如打印或写入文件等)。如果放弃使用过模式切换或透明命令的命令,这些命令的效果将与主命令一起被取消。

### 4.2.17 重做(redo)

(1) 命令功能

重做命令用于恢复执行放弃命令所取消的操作,该命令必须紧跟着放弃命令执行。

(2) 调用该命令方式

工具栏:"标准"→

菜单:【编辑】→【重做】

快捷菜单:无命令运行和无对象选定的情况下,在绘图区域单击右键弹出快捷菜单,选择"重做"项。

命令行:redo

注意:AutoCAD 2004 完全支持无限次地撤消和恢复操作。

## 4.3 高级编辑命令

### 4.3.1 修改多段线

（1）命令功能

对于用"多段线 pline"命令创建的多段线对象，可使用"pedit"命令来进行修改。

（2）调用该命令方式

工具栏："修改 Ⅱ" → ⚘

菜单：【修改】→【对象】→【多段线】

快捷菜单：选择要编辑的多段线并单击右键，选择"编辑多段线"

命令行：pedit（pe）

（3）操作步骤

调用该命令后，系统首先提示选择多段线：

PEDIT 选择多段线或 [多条 (M)]：

可选择"多条（M）"选项来选择多个多段线对象，否则只能选择一个多段线对象。如果选择了直线、圆弧对象时，系统将提示是否将其转换为多段线对象：

是否将直线和圆弧转换为多段线？[是 (Y)/否 (N)]？<Y>

当选择了一个多段线对象（或将直线、圆弧等对象转换为多段线对象）后，系统进一步提示：

输入选项

[闭合 (C)/打开 (O)/合并 (J)/宽度 (W)/拟合 (F)/样条曲线 (S)/非曲线化 (D)/线型生成 (L)/放弃 (U)]：

各项具体作用如下：

1）"闭合（C）"：闭合开放的多段线。注意，即使多段线的起点和终点均位于同一点上，AutoCAD 仍认为它是打开的，而必须使用该选项才能进行闭合。对于已闭合的多段线，则该项被"打开（O）"所代替，其作用相反。

2）"合并（J）"：将直线、圆弧或多段线对象和与其端点重合的其他多段线对象合并成一个多段线。对于曲线拟合多段线，在合并后将删除曲线拟合。

3）"宽度（W）"：指定多段线的宽度，该宽度值对于多段线的各个线段均有效。

4）"拟合（F）"：在每两个相邻顶点之间增加两个顶点，由此来生成一条光滑的曲线，该曲线由连接各对顶点的弧线段组成。曲线通过多段线的所有顶点并使用指定的切线方向。

如果原多段线包含弧线段，在生成样条曲线时等同于直线段。如果原多段线有宽度，则生成的样条曲线将由第一个顶点的宽度平滑过渡到最后一个顶点的宽度，所有中间的宽度信息都将被忽略。

5)"样条曲线(S)":使用多段线的顶点作控制点来生成样条曲线,该曲线将通过第一个和最后一个控制点,但并不一定通过其他控制点。这类曲线称为 B 样条曲线。AutoCAD 可以生成二次或三次样条拟合多段线。

6)"非曲线化(D)":删除拟合曲线和样条曲线插入的多余顶点,并将多段线的所有线段恢复为直线,但保留指定给多段线顶点的切线信息。但对于使用"打断"、"修剪"等命令编辑后的样条拟合多段线,不能使其"非曲线化"。

7)"线型生成(L)":如果该项设置为"ON"状态,则将多段线对象作为一个整体来生成线型;如果设置为"OFF",则将在每个顶点处以点划线开始和结束生成线型。注意,该项不适用于带变宽线段的多段线。

8)"放弃(U)":取消上一编辑操作而不退出命令。

### 4.3.2 修改样条曲线

(1)命令功能

对于用"样条曲线 spline"命令创建的样条曲线对象,可使用"splinedit"命令来进行修改。

(2)调用该命令方式

工具栏:"修改Ⅱ"→

菜单:【修改】→【对象】→【样条曲线】

快捷菜单:选择要编辑的样条曲线并单击右键,选择"编辑样条曲线"

命令行:splinedit(spe)

(3)操作步骤

调用该命令后,系统首先提示选择样条曲线,并进一步给出多种操作选项:

选择样条曲线:

输入选项 [拟合数据(F)/闭合(C)/移动顶点(M)/精度(R)/反转(E)/放弃(U)]:

各项具体作用如下:

1)"拟合数据(F)":拟合数据由所有的拟合点、拟合公差和与样条曲线相关联的切线组成。用户选择该项来编辑拟合数据时,系统将进一步提示选择如下拟合数据选项:

输入拟合数据选项

[添加(A)/闭合(C)/删除(D)/移动(M)/清理(P)/相切(T)/公差(L)/退出(X)] <退出>:

2)"闭合(C)":闭合开放的样条曲线,使其在端点处切向连续。如果样条曲线的起点和端点相同,"闭合"选项使其在两点处都切向连续。对于已闭合的样条曲线,则该项被"打开(O)"所代替,其作用相反。

3)"移动顶点(M)":重新定位样条曲线的控制顶点并且清理拟合点。

4)"精度(R)":精密调整样条曲线定义。

5)"反转(E)":反转样条曲线的方向。该选项主要由应用程序使用。

6)"放弃（U）"：取消上一编辑操作而不退出命令。

注意：如果进行以下操作，样条曲线将失去拟合数据。

编辑拟合数据时使用"清理（Purge）"选项。

重定义样条曲线。

对于样条多段线也可使用"splinedit"命令进行修改，修改前系统会将样条多段线转换为样条曲线对象，但转换后的样条曲线对象没有拟合数据。

### 4.3.3 编辑多线

（1）命令功能

对于多线对象，可以通过"mledit"命令来增加或删除顶点，并且可用多种方法构造多线交点。

（2）调用该命令方式

多线编辑命令的调用方式为：

菜单：【修改】→【对象】→【多线…】

命令行：mledit

（3）操作步骤

调用该命令行，弹出"多线编辑工具"对话框，如图4-16，其中提供了12种修改工具，可分别用于处理十字交叉的多线（第一列）、T形相交的多线（第二列）、处理角点结合和顶点（第三列）、处理多线的剪切或接合（第四列）。

下面分别介绍如下：

1)"十字闭合"：在两条多线之间创建闭合的十字交叉。

2)"十字打开"：在两条多线之间创建开放的十字交叉。AutoCAD打断第一条多线的所有元素以及第二条多线的外部元素。

3)"十字合并"：在两条多线之间创建合并的十字交叉，操作结果与多线的选择次序无关。

4)"T形闭合"：在两条多线之间创建闭合的T形交叉。AutoCAD修剪第一条多线或将它延伸到与第二条多线的交点处。

5)"T形打开"：在两条多线之间创建开放的T形交叉。AutoCAD修剪第一条多线或将它延伸到与第二条多线的交点处。

6)"T形合并"：在两条多线之间创建合并的T形交叉。AutoCAD修剪第一条多线或将它延伸到与第二条多线的交点处。

7)"角点结合"：在两条多线之间创建角点结合。AutoCAD修剪第一条多线或将它延伸到与第二条多线的交点处。

8)"添加顶点"：向多线上添加一个顶点。

9)"删除顶点"：从多线上删除一个顶点。

10)"单个剪切"：剪切多线上的选定元素。

11)"全部剪切"：剪切多线上的所有元素并将其分为两个部分。

12)"全部接合"：将已被剪切的多线线段重新接合起来。

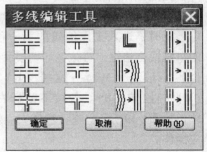

图4-16 "多线编辑工具"对话框

[例题] 绘制图4-17。

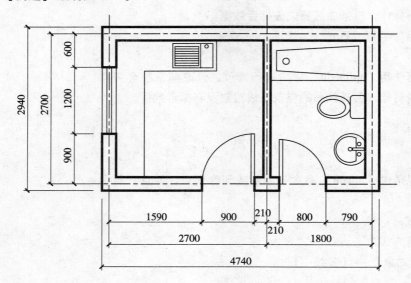

图4-17 厨卫

## 4.4 夹点的编辑

在提示"命令"状态下，直接使用默认的"自动（AU）"选择模式选择图形中的实体对象，被选中实体的角点、顶点、中点、圆心等特征点将自动显示蓝色小方框标记。这些小方框被称之为夹点（Grip）。

当实体建立夹点后，提示行处于"命令:"等待输入命令，此时由所执行的命令决定夹点是否存在。当光标移到夹点上时，缺省颜色为绿色，此时单击它，夹点就会变成实心方块（缺省颜色为红色），表示此夹点被激活。当按下Shift键再单击其他夹点，可同时激活多个夹点。被激活的夹点称为热夹点（hot grip），如图4-18所示。

在热夹点状态下，才能进行编辑操作。

命令行提示：

＊＊拉伸＊＊

指定拉伸点或［基点（B）/复制（C）/放弃（U）/退出（X）］：

此时，进入夹点编辑的第一种"拉伸"模式。单击回车键或空格键，可依循环切换命令编辑模式，即：拉伸（S）→移动（M）→旋转（R）→缩放（S）→镜像（M）→拉伸（S）。若按下鼠标右键，则弹出一快捷菜单，如图4-19所示。在该实体夹点快捷菜单中，可选择相应操作。

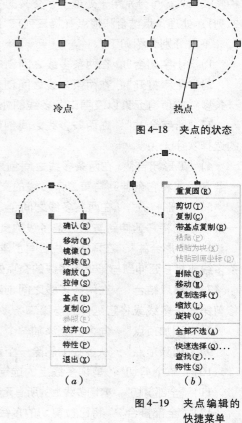

图4-18 夹点的状态

图4-19 夹点编辑的快捷菜单

# 复习思考题

一、问答题

1. 选择实体的方式有哪些？
2. 试比较"复制（C）"命令与"移动（M）"命令的异同点。
3. "剪切（T）"命令和"延伸（E）"命令有什么区别？
4. "擦除（E）"命令、"打断（B）"命令和"修剪（T）"命令有哪些相同及不同之处？
5. 请举例说明 Stretch 命令的使用情况。
6. 分解命令把多线分解成什么？
7. 要将线条并入多段线需满足什么条件？
8. "倒角（C）"命令与"圆角（F）"命令有什么用途？当"圆角（F）"命令的半径为 0 时，使用该命令的结果如何？
9. 利用"对象特性"工具栏可修改对象的哪些特性？
10. 什么是夹点？利用夹点功能可以进行哪些操作？

二、基本图型绘图训练

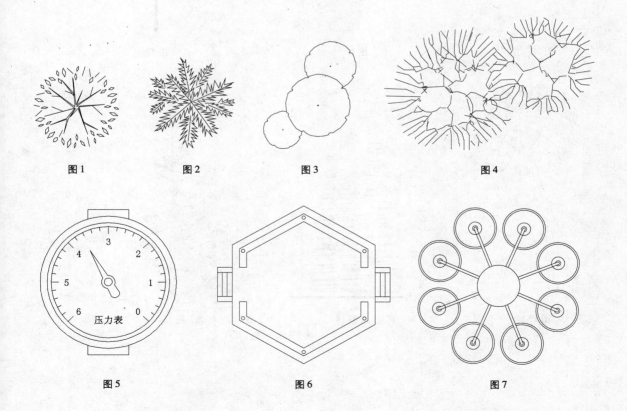

图1　　　　图2　　　　图3　　　　图4

图5　　　　图6　　　　图7

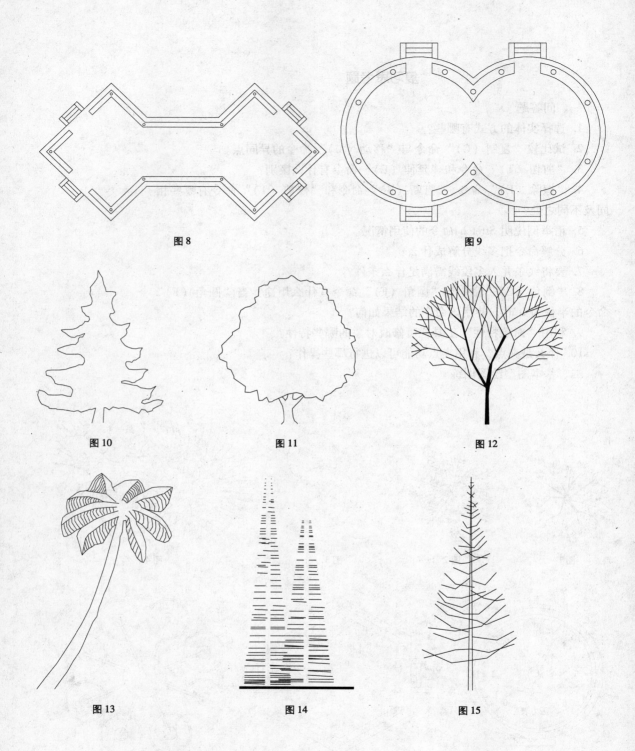

图 8

图 9

图 10

图 11

图 12

图 13

图 14

图 15

# 园林计算机辅助设计

## 第 5 章　图层、线型、颜色与对象特征

## 5.1 图层、线型、颜色

### 5.1.1 图层的概念

为了理解图层的概念,首先回忆一下手工制图时用透明纸作图的情况:当一幅图过于复杂或图形中各部分干扰较大时,可以按一定的原则将一幅图分解为几个部分,然后分别将每一部分按着相同的坐标系和比例画在透明纸上,完成后将所有透明纸按同样的坐标重叠在一起,最终得到一副完整的图形。当需要修改其中某一部分时,可以将要修改的透明纸抽取出来单独进行修改,而不会影响到其他部分。

AutoCAD 中的图层就相当于完全重合在一起的透明纸,可以任意的选择其中一个图层绘制图形,而不会受到其他层上图形的影响。

在 AutoCAD 中每个图层都以一个名称作为标识,并具有颜色、线型、线宽等各种特性和开、关、冻结等不同的状态。

### 5.1.2 调用图层命令的方式为:

工具栏:"对象特性"→ 

菜单:【格式】→【图层…】

命令行:layer(la)

调用该命令后,系统将弹出"图层特性管理器"对话框,如图 5-1 所示。

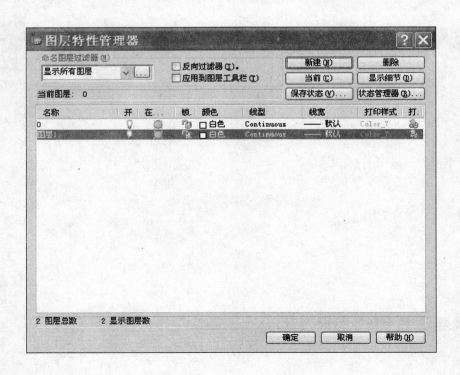

图 5-1 "图层特性管理器"对话框

### 5.1.3 图层用名称（新建）来标识，并具有各种特性和状态

1) 图层的名称最长可使用 256 个字符，可包括字母、数字、特殊字符（$ -_）和空格。图层的命名应该便于辨识图层的内容。

2) 图层可以具有颜色、线型和线宽等特性。如果某个图形对象的这几种特性均设为"随层"，则各特性与其所在图层的特性保持一致，并且可以随着图层特性的改变而改变。例如图层"中心线"的颜色为"红色"，在该图层上绘有若干直线，其颜色特性均为"随层"，则直线颜色也为红色。如果将图层"中心线"的颜色改为"白"后，该图层上的直线颜色也相应显示为白色（颜色特性仍为"随层"）。

3) 图层可设置为"关闭（On）"状态。如果某个图层被设置为"关闭"状态，则该图层上的图形对象不能被显示或打印，但可以重生成。暂时关闭与当前工作无关的图层可以减少干扰，更加方便快捷地工作。

4) 图层可设置为"冻结（Freeze）"状态。如果某个图层被设置为"冻结"状态，则该图层上的图形对象不能被显示、打印或重新生成。因此用户可以将长期不需要显示的图层冻结，提高对象选择的性能，减少复杂图形的重生成时间。

5) 图层可设置为"锁定（Lock）"状态。如果某个图层被设置为"锁定"状态，则该图层上的图形对象不能被编辑或选择，但可以查看。这个功能对于编辑重叠在一起的图形对象时非常有用。

6) 图层可设置为"打印（Plot）"状态。如果某个图层的"打印"状态被禁止，则该图层上的图形对象可以显示但不能打印。例如，如果图层只包含构造线、参照信息等不需打印的对象，则可以在打印图形时关闭该图层。

对话框右上角的六个按钮提供了对图层的各种操作：

7) [新建(N)]：用于新建图层。如果在创建新图层时选中了一个现有的图层，新建的图层将继承选定图层的特性。如果在创建新图层时没有选中任何已有的图层，则新建的图层使用缺省设置。

8) [删除]：用于删除在图层列表中指定的图层。注意，当前图层、"0"层、包含对象的图层、被块定义参照的图层、依赖外部参照的图层和名为"DEFPOINTS"的特殊图层不能被删除。

9) [当前(C)]：将在图层列表中指定的图层设置为当前图层。绘图操作总是在当前图层上进行的。不能将被冻结的图层或依赖外部参照的图层设置为当前图层。

10) [显示细节(D)] / [隐藏细节(D)]：用于切换"细节"栏的显示状态。

11) [保存状态(V)...] 用于保存当前图形中全部图层的状态和特性，单击该按钮将弹出"保存图层状态"对话框，如图5-2所示。

在对话框中指定一个图层保存状态的名称，并选择需要保存的图层状态和特性，对于没有选中的项目将不予保存。

12) 状态管理器(R)...：用于恢复已保存的图层状态。

### 5.1.4 图层的创建和使用

现在根据对象的不同特性来创建图层。选择"对象特性"工具栏上的 图标，系统弹出"图层特性管理器"对话框，如图4-22所示，并进行如下设置：

1）单击 新建(N) 按钮，在图层列表中将出现一个新的图层项目并处于选中状态。

2）设置新建图层的名称为"中心线"。

单击"□白色"显示选择颜色对话框如图5-3所示。

选择红色，按确定。

3）单击"Continuous"显示选择线型对话框如图5-4所示。

4）单击 加载(L)... 显示加载线型对话框如图5-5所示。

选择"Center"线型，按"确定"键。

5）单击线宽的"—— 默认 "显示加载线型对话框如图5-6所示。

选定线宽，按"确定"键。

重复上一步的操作过程，再创建四个图层，各层设置。完成以上设置后，单击"确定"按钮结束命令。如图5-7所示。

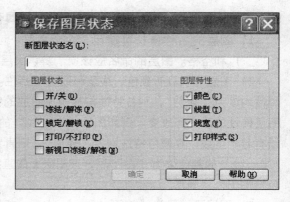

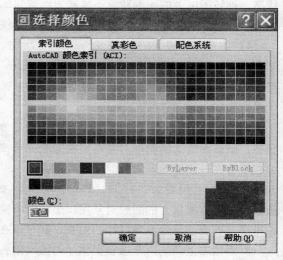

图 5-2 "保存图层状态"对话框（上）

图 5-3 选择颜色对话框（下）

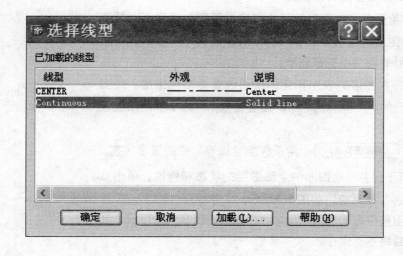

图 5-4 选择线型对话框

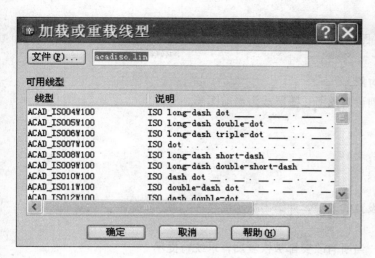
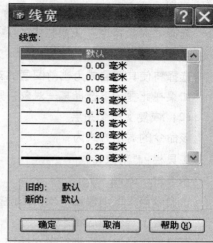

图 5-5 线型对话框（左）

图 5-6 线型对话框（右）

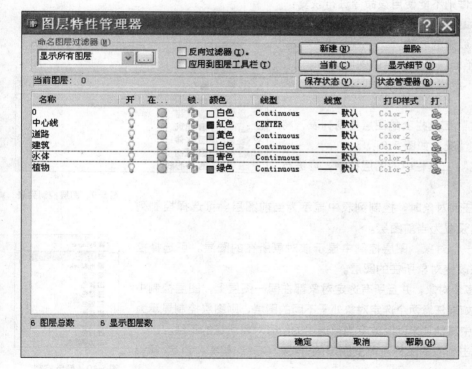

图 5-7 各层设置

## 5.1.5 图层对象特性工具条（图 5-8）

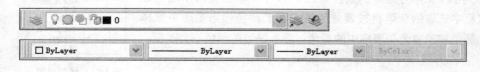

图 5-8 图层对象特性工具条

（1）使对象所在图层为当前图层

选择"对象特性"工具栏中的 图标，系统将提示选择对象：

命令：_ ai_ molc

选择将使其图层成为当前图层的对象：

如果在此提示下选择某一对象，则该对象所在图层成为当前图层。

（2）恢复上一个图层

该命令的调用方式为：

工具栏："对象特性" →

命令行：layerp

该命令用于取消最后一次对图层设置的改变，并给出提示信息：

已恢复上一个图层状态。

可连续选择该图标进行多次操作，当所有改变都被恢复后，系统将提示：

﹡没有上一个图层状态﹡

对于如下几种操作则不能使用该命令进行恢复：

1）命名图层：如果改变了图层的名称和特性，则该命令只能恢复被改变的特性，而不能恢复原来的名称。

2）删除图层：不能恢复被删除的图层。

3）新建图层：不能恢复新建的图层。

（3）图层控制

打开"对象特性"工具栏上的图层控制列表，将显示已有的全部图层情况，如图5-9所示。

利用"对象特性"工具栏中的图层控制，可进行如下设置：

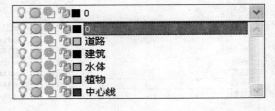

图5-9 图层控制列表

1）如果未选择任何对象时，控制列表中显示为当前图层。可选择控制列表中其他图层来将其设置为当前图层。

2）如果选择了一个对象，图层控制中显示该对象所在的图层。可选择控制列表中其他图层来改变对象所在的图层。

3）如果选择了多个对象，并且所有选定对象都在同一图层上，图层控制中显示公共的图层；而如果任意两个选定对象处于不同的图层，则图层控制显示为空。可选择控制列表中其他项来同时改变当前选中的所有对象所在的图层。

在控制列表中单击相应的图标可改变图层的开/关、冻结/解冻、锁定/解锁等状态。

图5-10 颜色控制

（4）颜色控制

该下拉列表框中列出了图形可选用的颜色如图5-10所示。当图形中没有选择实体时，在该列表框中选取的颜色将被设置为系统当前颜色；当图形中选择实体后，选中的实体颜色将改变为列表框中的颜色，而系统当前颜色不会改变。

（5）线型控制

该下拉列表框中列出了图形可用的各种线型如图5-11所示。当图形中没有

图5-11 线型控制

选择实体时，在该列表框中选取的线型将被设置为系统当前线型；当图形中选择实体后，选中的实体线型将改变为列表框中的线型，而系统当前线型不会改变。

（6）线宽控制

该下拉列表框中列出了随层、随块以及其他所有可用的线宽如图 5-12 所示。当图形中没有选择实体时，在该列表框中选取的线宽将被设置为系统当前线宽；当图形中选择实体后，选中的实体线宽将改变为列表框中的线宽，当前线宽不会改变。

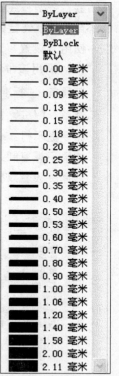

图 5-12 线宽控制

## 5.2 对象特性

### 5.2.1 对象特性（Properties）

（1）命令功能

在 AutoCAD 中，对象特性（Properties）是一个比较广泛的概念，即包括颜色、图层、线型等通用特性，也包括各种几何信息，还包括与具体对象相关的附加信息，如文字的内容、样式等。如果想访问特定对象的完整特性，则可通过"特性（Properties）"窗口来实现，该窗口是用以查询、修改对象特性的主要手段。

（2）调用该命令方式

工具条："标准（Standard）"→

菜单：【工具】→【对象特性管理器】

命令提示行：properties（ch、mo、props、ddchprop、ddmodify）

（3）特性窗口详解

"特性"窗口与 AutoCAD 绘图窗口相对独立，在打开"特性"窗口的同时可以在 AutoCAD 中输入命令、使用菜单和对话框等。因此在 AutoCAD 中工作时可以一直将"特性"窗口打开。而每当选择了一个或多个对象时，"特性"窗口就显示选定对象的特性。

首先以未选中任何对象的"特性"窗口为例介绍其基本界面，如图 5-13 所示。

图 5-13 未选中任何对象的"特性"窗口

如果在绘图区域中选择某一对象，"特性"窗口将显示此对象所有特性的当前设置，大家可以修改任意可修改的特性。根据所选择的对象种类的不同，其特性条目也有所变化，"特性"命令可透明地使用。

### 5.2.2 特性匹配

（1）命令功能

将一个源对象的某些或所有特性复制给目标对象，可以复制的特性类型包

第 5 章 图层、线型、颜色与对象特性 73

括图层、线型、线型比例、线宽、打印样式等，默认情况下，所有可应用的特性都自动地从选定的第一个对象复制到其他对象。如果不希望复制特定的特性，使用"设置"选项禁止复制该特性。

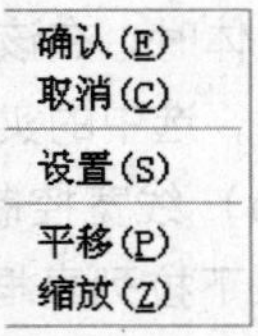

（2）调用该命令方式

工具条："标准（Standard）" → ✎

菜单：【修改（M）】→【特性匹配（M）】

命令提示行：matchprop

如果不想复制某项特性，鼠标右击，弹出如图菜单图 5-14

选择"设置（S）"弹出如图 5-15 特性设置对话框进行设置

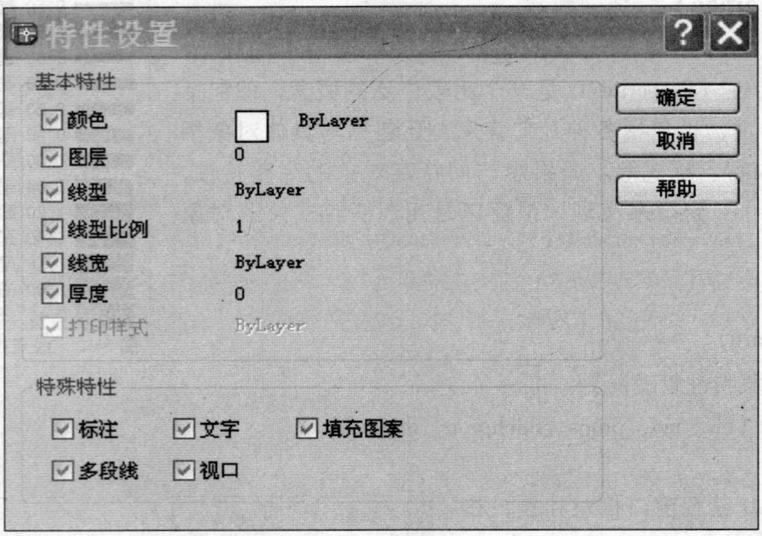

图 5-14 特性匹配右键菜单

图 5-15 特性设置对话框

## 复习思考题

1. 什么是图层？图层有何作用？
2. 图层有哪些特性？
3. 如何设置图层的线型、颜色和线宽？
4. 什么特性可使图层不可见？有几个特性可做到这一点？
5. 简述"对象特性"工具栏中的各要素的作用。

园林计算机辅助设计

**第 6 章 图案填充、图块与属性**

## 6.1 图案填充

使用图案填充命令可在指定的封闭区域内填充指定的图案（如剖面线）。进行图案填充时，首先要确保填充的边界封闭，组成边界的对象可以是直线、圆弧、圆、椭圆、二维多段线、样条曲线等。

### 6.1.1 图案填充的操作

【功能】在指定的封闭区域内填充指定的图案。

【命令输入】下拉菜单：绘图 \ 图案填充

工具栏：绘图»图案填充

命令：Bhatch 或 Bh

【操作格式】输入相应命令后，弹出"边界图案填充"对话框，如图 6-1 所示。该对话框有"图案填充"、"高级"和"渐变色"三个选项卡和一些选项按钮。

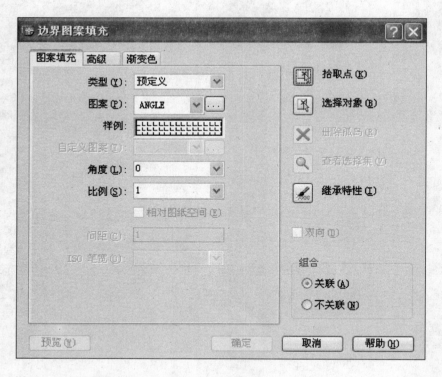

图 6-1 "边界图案填充"对话框中的"图案填充"选项卡

各选项卡的含义及操作如下：

（1）"图案填充"选项卡

1）"类型"下拉列表用于选择填充图案的类型，其中包含"预定义"、"用户定义"和"自定义"三个选项。

- "预定义"：让用户选择使用 AutoCAD 系统所提供的预定义的填充图案，这些图案包含在 ACAD.PAT 和 ACADISO.PAT 文件中。
- "用户定义"：容许用户使用当前线型定义一个简单的填充图案。
- "自定义"：用于从其他定制的 PAT 文件中指定一个图案。

2）"图案"下拉列表用于选择预定义图案，可直接输入图案编号，也可单击右边 ... 的按钮，弹出"图案填充选项板"对话框（图 6-2），从中选取适当的图案。

3）"样例"框显示所选图案的预览图像。

4）"自定义图案"下拉列表框列出所有可用的自定义图案。

5）"角度"下拉列表框用于选取或输入适当的角度值，将填充图案旋转一定角度。

6）"比例"下拉列表框用于选取或输入适当的图案填充比例系数。

7）"间距"框用于指定用户定义图案中平行线的间距。

8）"ISO 笔宽"下拉列表框用于设置 ISO 的预定义图案笔宽。

（2）"高级"选项卡（图 6-3）

1）"孤岛检测样式"用于设置图案填充方式。包含在最外边界内的封闭区域称为孤岛。填充方式有三种，如图所示。

2）"对象类型"下拉列表用于指定新建边界的类型为面域或多段线，该下拉列表只有在选择了"保留边界"后才有效。

3）"边界集"下拉列表用于指定边界对象的范围。

4）"孤岛检测方式"用于确定在使用"拾取点"的方式指定边界时，是否将最外边界内的孤岛也作为边界。其中，"填充"选项选择将孤岛作为边界对象，然后再根据"孤岛检测样式"中所选择的填充方式进行图案填充；"射线法"选项将孤岛不作为边界对象而全部填充，若选择此项，则在"孤岛检测样式"中选择的"普通"或"外部"方式不起作用。

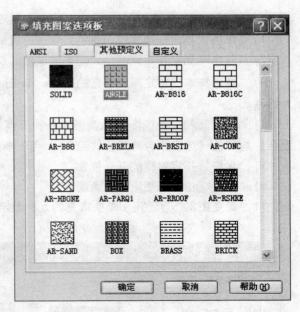

图 6-2 "图案填充选项板"对话框

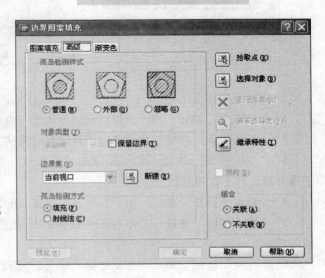

图 6-3 "高级"选项卡

(3)"渐变色"选项卡(图6-4),用于定义要应用的渐变填充的外观。

1)"单色"指定使用从较深着色到较浅色调平滑过度的单色填充。

2)"双色"指定在两种颜色之间平滑过度的双色渐变填充。

3)"颜色样本"指定渐变填充的颜色。单击 … 按钮以显示"选择颜色"对话框。

4)"着色"和"色调"滚动条指定一种颜色的色调(选定颜色与白色的混合)与着色(选定颜色与黑色的混合),用于渐变填充。

5)"居中"指定对称的渐变位置。

6)"角度"指定渐变填充的角度。

7)"渐变图案"显示用于渐变填充的九种固定图案。

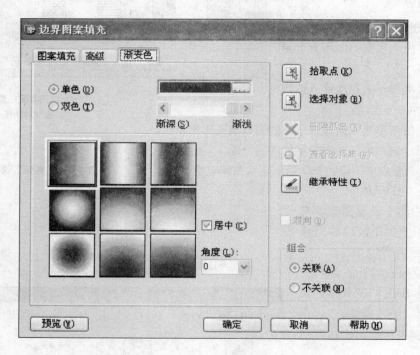

图6-4 "渐变色"选项卡

(4)其他按钮及选项

1)"拾取点"按钮 用于通过拾取边界内部一点的方式来确定填充边界。

2)"选择对象"按钮 用于通过选择边界对象的方式来确定填充边界。

3)"删除孤岛"按钮 用于删除由"拾取点"按钮所定义的边界对象,但最外层边界不能被删除。

4)"查看选择集"按钮 用于显示当前所定义的边界集。

5)"继承特性"按钮 可以在图中选择已经填充的图案来填充当前指定的区域。

6)"双向"按钮 用于在与原始填充线成90°的方向上画第2组线,以构成交叉网格图案。

7)"关联"按钮　定义填充边界与填充图案关联。则边界修改后,填充图案将自动更新(图6-5)。

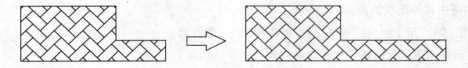

图6-5　关联填充时边界被改变的结果

8)"不关联"按钮　定义填充边界与填充图案不关联。则边界修改后,填充图案将不发生变化(图6-6)。

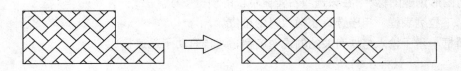

图6-6　不关联填充时边界被改变的结果

9)"预览"按钮　用于预览图案的填充效果。预览完毕后,回车或右击鼠标返回对话框,若不满意可进行修改。满意后单击"确定"按钮,完成图案填充。

## 6.2　图块与属性

### 6.2.1　定义块

图块简称块,是各种图形元素构成的一个整体图形单元。用户可以将经常使用的图形做成图块,需要时随时将已定义的图块调用到需要的图形中,这样可以避免许多重复的工作,提高绘图的速度与质量,并且便于修改和节省存储空间。

【功能】将指定图形定义为块。

【命令输入】下拉菜单：绘图 \ 块 \ 创建

工具栏：绘图》创建块

命令：Block 或 B

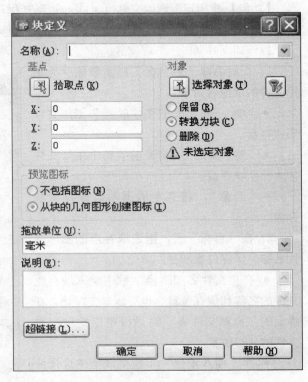

图6-7　"块定义"对话框

【操作格式】输入相应命令后,弹出"块定义"对话框,如图6-7所示。

1) 在"名称"框中输入图块的名称。

2) 单击"拾取点"按钮,对话框将暂时关闭,用鼠标找图中指定块的插入点。指定基点后按回车键,重新回到对话框。也可以在对话框中输入基点的坐标值。

3) 单击"选择对象"按钮,对话框将暂

时关闭，用鼠标选择要定义成块的对象。选择完毕后按回车键，重新回到对话框。

4）单击"确定"按钮，完成块的定义。块定义保存在当前图形中。

"块定义"对话框中其他选项的含义：

- 快速选择按钮    用于弹出"快速选择"对话框定义选择集。
- "保留"　在当前图形中保留选定作为块的对象及其原始状态。
- "转换为块"　将选定的对象在原有图形中转换为块。
- "删除"　在定义块后删除选定的对象。
- "不包括图标"　不显示块的预览图标。
- "从块的几何图形创建图标"　在该选项右侧显示块的预览图标。
- "拖放单位"下拉列表框　用于选择块插入时的单位。
- "说明"编辑框　用于输入与块有关的的说明名字，这样有助于迅速检索块。

### 6.2.2　块存盘

用 Bblock 命令所建的图块为内部块，它只能保存在当前的图形文件中，为当前文件所使用，这样受到很大的限制。为了使建立的图块能应用到别的图形文件中，必须将图块以文件的形式储存。块存盘就是将选择的图形以一个独立的文件（*.dwg）形式保存，反之，任何*.dwg 文件都可以作为图块插入到其他图形文件中。

【功能】将指定图形以文件（*.dwg）形式保存。

【命令输入】键盘输入 Wblock 命令，弹出"写块"对话框，如图6-8所示。操作如下：

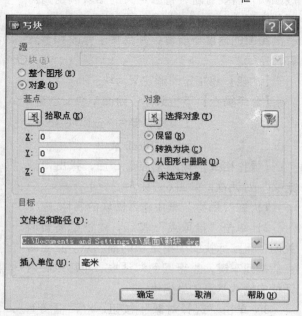

图6-8　"写块"对话框

1）在对话框"源"区，指定要保存为图形文件的块或者对象。

- "块"　将已有的图块转换为图形文件形式存盘。
- "整个图形"　将当前的整个图形文件作为一个块存盘。
- "对象"　将选定的图形对象作为块存盘。

2）在"目标"区，指定块存盘的图形文件名称、保存位置和插入单位。

- 在"文件名和路径"框中输入块存盘文件的名称和保存位置，也可以单击按钮，在弹出的"浏览文件夹"对话框中指定块存盘文件的保存位置。
- 在"插入单位"下拉列表框中选择块

插入时的单位。

3）单击"确定"按钮，块定义被保存为图形文件。

### 6.2.3 块插入

【功能】将已经定义的图块或图形文件以不同的比例或转角插入到当前图形文件中。

【命令输入】下拉菜单：插入 \ 块 \

工具栏：绘图»插入块

命令：Insert 或 I

弹出"插入"对话框，如图6-9所示。

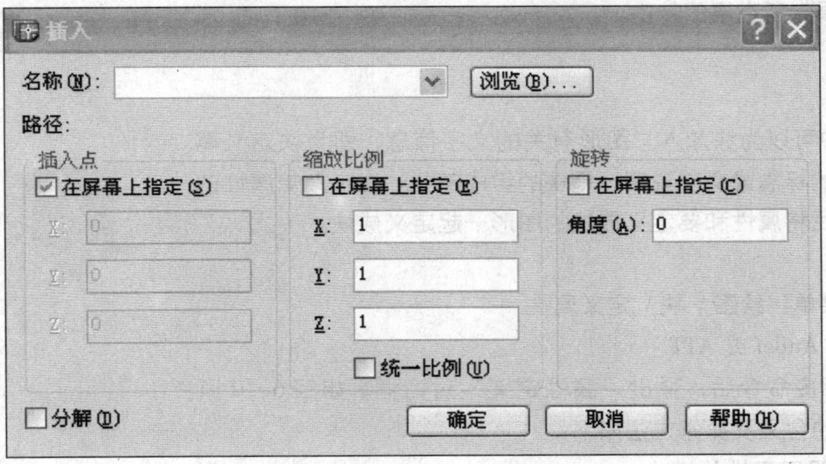

图6-9 "插入"对话框

操作如下：

1）在"名称"下拉列表中选择所要插入的图块名称，或是通过 浏览(B)... 按钮，在弹出的"选择图形文件"对话框中选择需要的文件。

2）如果"插入点"、"缩放比例"、"旋转"都选择"在屏幕上指定"，单击"确定"，此时"插入"对话框被关闭，同时命令窗口出现提示：

指定插入点或

[比例(S)/X/Y/Z/ 旋转(R)/ 预览比例(PS)/PX/PY/PZ/ 预览旋转(PR)]：指定插入点

输入X比例因子，指定对角点或[角点(C)/XYZ]<1>：输入X方向比例因子或拖动指定（默认值为1）

输入Y比例因子或<使用X比例因子>：输入Y方向的比例因子或回车默认Y = X

指定旋转角度<0>：输入图块相对于插入点的旋转角度或拖动指定（默认值为0）

3）如果"插入点"、"缩放比例"、"旋转"没有选择"在屏幕上指定"，则可在对话框中以参数形式指定。

4）如果选择"分解"，则将所插入的图块分解为若干个独立的图形元素，这样有利于图形的编辑，但同时也丧失了图块的所有特性。

【说明】

1）比例因子大于0，小于1，图块将缩小；大于1，图块将放大。比例因子也可为负值，结果插入块的镜像图。

2）如果要对插入后的图块进行局部编辑，首先应分解图块。

3）如果要修改图中多个同名图块，可以先修改一个，然后以相同的名称将原有图块重新定义，完成后图形中所有同名图块将自动更新为新的内容。

4）插入图块时，该图块0层上的对象将被赋予当前层的特性；而处于非0层的对象将仍然保持原先所在层的特性。

### 6.2.4 块的属性

在Autocad中，用户可以为块加入与图形有关的文字信息，即为块定义属性。这些属性是对图形的标志或文字说明，是块的组成部分。在定义带属性的块前应先定义属性，然后将属性和要定义成块的图形一起定义成块。

（1）定义块的属性

【命令输入】下拉菜单：绘图\块\定义属性

命令：Attdef 或 ATT

【操作格式】输入相应命令后，弹出"属性定义"对话框，如图6-10所示。该对话框中各选项的含义及操作方法如下：

1）"模式"区用于设置属性的模式。

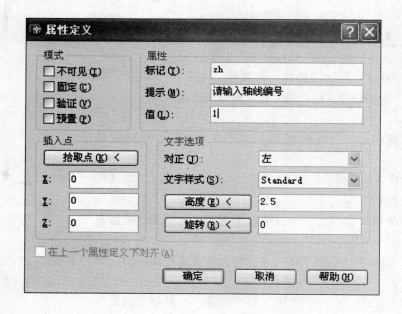

图6-10 "属性定义"对话框

2)"属性"区用于定义属性的标记、提示及默认值,其中:
- 在"标记"框中输入属性的标记,比如"zh"。
- 在"提示"框中输入属性提示,比如"请输入轴线编号"。
- 在"值"框中输入属性默认值,比如"1"。

3)"插入点"区用于确定属性标记及属性值的起始位置。单击"拾取点"按钮,可以直接在图形中指定属性标记及属性值的起始点位置。

4)"文字选项"区用于设置与属性文字有关的选项,其中:
- 在"对正"下拉列表框中选择文字对齐方式。
- 在"文字样式"下拉列表框中选择属性文字的样式。
- 在"高度"框中输入属性文字的高度。
- 在"旋转"框中输入属性文字的旋转角度。

5)"在上一个属性定义下对齐"复选框用于确定是否在前面所定义的属性下面直接放置新的属性标记。

上述各选项设置完毕后,单击"确定"按钮,即完成了一个属性定义的操作,该属性标记就出现在图形中。

(2)定义带属性的块

定义带属性的块的步骤:先给要定义成块的图形定义一个属性,然后再将属性标记和要定义成块的图形一起创建成同一个块,则该块就带有属性定义。

(3)插入带属性的块

当用户插入一个带属性的块时,前面的操作与插入一个一般的块的方法相同,只是在后面增加了输入属性值的提示,用户可以在此输入不同的属性值。

(4)编辑属性

1)修改属性定义。定义完属性后,若发现不对,可以双击带属性的块,弹出"增强属性编辑器"对话框,可对属性值进行编辑。如图 6-11 所示。

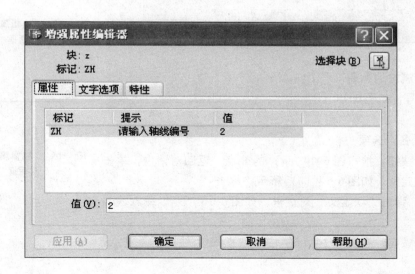

图 6-11 "增强属性编辑器"对话框

2）编辑块的属性。属性块插入后，若发现属性值及其位置、字型、字高等不妥，可通过"块属性管理器"对话框修改。操作如下：选择菜单修改\对象\属性\块属性管理器后，弹出如图 6-12 所示"块属性管理器"对话框。单击"编辑"按钮，弹出"编辑属性"对话框，如图 6-13 所示，在该对话框中可修改块的属性、文字选项、特性等。所做的修改将会使指定的块立即得到更新。

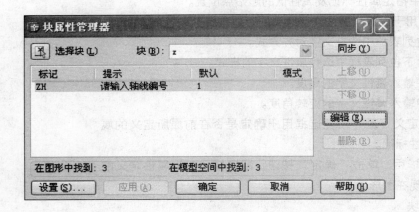

图 6-12 "块属性管理器"对话框

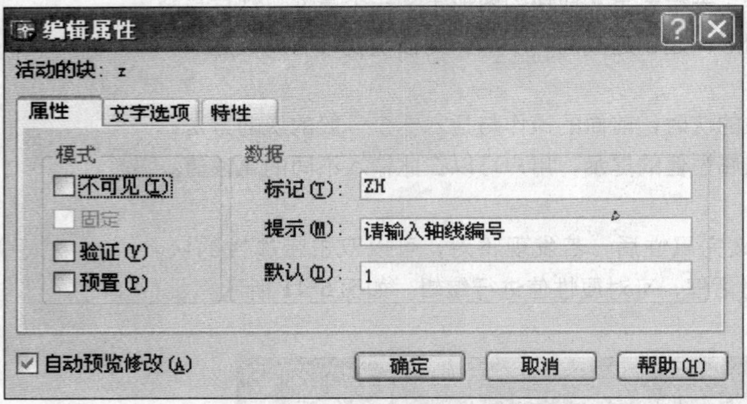

图 6-13 "编辑属性"对话框

【举例】定义一个带属性的标高符号图块。

1）先画一个标高符号，如图 6-14（a）所示；

2）输入 Attdef 命令，弹出"属性定义"对话框；

3）参照图 6-15 设置各个选项；

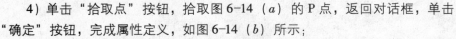

4）单击"拾取点"按钮，拾取图 6-14（a）的 P 点，返回对话框，单击"确定"按钮，完成属性定义，如图 6-14（b）所示；

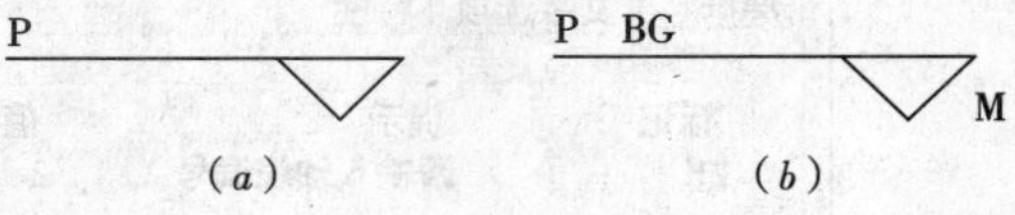

图 6-14 "编辑属性"对话框

5）输入 Block 命令，弹出"块定义"对话框，如图 6-16 所示，输入块名称为"标高"；

6）单击"拾取点"按钮，在图 6-14（b）中拾取点 M 为块的插入基点，回车返回对话框；

7）单击"选择对象"按钮，同时选择属性和标高符号；

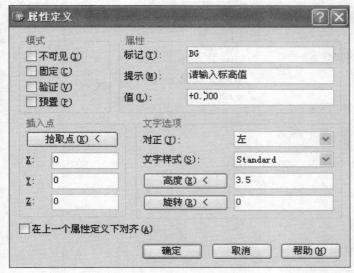

图 6-15 "属性定义"对话框

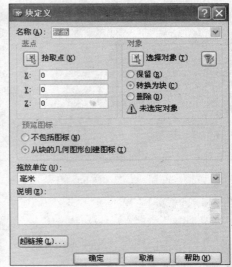

图 6-16 "块定义"对话框

8）回车重新显示对话框，单击"确定"，即完成带属性的块的定义。

9）点下拉菜单中插入块，弹出"块插入"对话框，如图 6-17，选择"标高"图块。

10）双击"属性"，弹出"增强属性编辑器"对话框，可对属性值进行编辑。如图 6-18 所示，可对插入的块的标高值进行修改。

图 6-17 "块插入"对话框

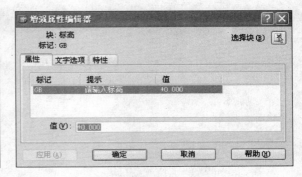

图 6-18 "增强属性编辑器"对话框

## 复习思考题

1. 为什么要使用图块？
2. 图块有哪两种类型？哪一种既可用于定义它的图形中，也可以用于其他图形文件？为什么可用于其他图形文件中？
3. 试做带有属性的标高的块。

# 第 7 章 文本注写与尺寸标注

园林计算机辅助设计

## 7.1 文本注写

在一个完整的图样中,一般都包含有文字注释,用于标注图样中的一些非图形信息,如:技术要求、标题栏、在尺寸标注时的尺寸数值等。

### 7.1.1 创建文字样式

在文字注写时,首先应设置文字样式,这样才能注写符合要求的文本。

(1) 功能

建立和修改文字样式,如文字的字体、字型、高度、宽度系数、倾斜角、反向、倒置及垂直等参数。

(2) 命令的输入方式

1) 键盘输入　命令:Style(ST)。

2) 下拉菜单　格式(F)→文字样式(S)…。

3) 工具条　在"样式"工具条中,单击"文字样式管理器"图标按钮,如图7-1所示;在"文字"工具条中,单击"文字样式管理器"图标按钮 ,此时,弹出"文字样式"对话框,如图7-2所示。

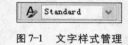

图7-1　文字样式管理器

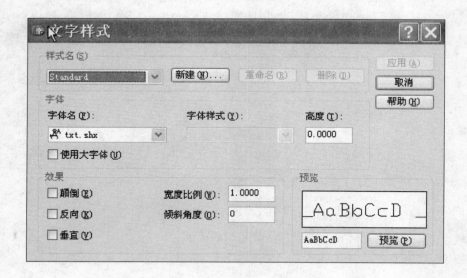

图7-2　"文字样式"对话框

(3) 对话框说明

1) "样式名(S)"区域　用于显示文字样式的名称、创建新的文字样式、为已有的文字样式命名或删除文字样式。

① "样式名"下拉列表框　列出当前使用的文字样式,默认文字样式为Standard。单击其左侧的下拉箭头,在下拉列表中显示当前图形文件中已定义

的所有文字样式名。

② "新建（N）…" 按钮　用于创建新文字样式，单击该按钮，弹出 "新建文字样式"对话框，在对话框的"样式名"文本框中输入新建文字样式名称，单击确定按钮，即建立了一个新文字样式名称，并返回到"文字样式"对话框，可对新文字样式进行设置。

③ "重命名（R）" 按钮　单击该按钮，将打开"重命名文字样式"对话框，在"样式名"文本框中，用来更改已选择的文字样式的名称。

④ "删除（D）" 按钮　用来删除某一存在的文字样式，但无法删除已经被使用的文字样式和 Standard 样式。

2) "字体"区域　可以显示文字样式使用的字体和字高等属性。

① "字体名（F）"下拉列表框　在该列表框中可以显示和设置西文和中文字体，单击该列表框右侧的下拉箭头，在弹出的下拉列表框中，列出了供选用的多种西文和中文字体等。

② "使用大字体（U）"复选框　用于设置大字体选项。

③ "字体样式（Y）"下拉列表框　当选中"使用大字体"复选框后，在该列表框中可以显示和设置一种大字体类型，单击该列表框右侧的下拉箭头，在弹出的下拉列表框中，列出了供选择用的大字体类型。

④ "高度（T）"文本框　用于设置字体高度，系统默认值为 0，若取默认值，注写文本时系统提示输入文本高度。

3) "效果"区域　可以设置文字的显示效果。

① "颠倒（E）"复选框　控制是否将字体倒置。

② "反向（K）"复选框　控制是否将字体以反向注写。

③ "垂直（V）"复选框　控制是否将文本以垂直方向注写。

④ "宽度比例（W）"文本框　用来设置文字字符的高度和宽度之比。当值为 1 时，将按系统定义的宽度比书写文字；当小于 1 时，字符变窄；当大于 1 时，字符变宽。

⑤ "倾斜角度（O）"文本框　用于确定字体的倾斜角度，其取值范围为 -85°~85°。当角度值为正值时，向右倾斜；为负值时，向左倾斜；若要设置国标斜体字，则设置为 15°。

4) "预览"区域　可以预览所选择或设置的文字样式效果。在下面的文本框中输入要观察的字符，单击"预览（P）"按钮，可在预览框中观察设置效果。

完成文字样式设置后，单击右上角的"应用（A）"按钮，再单击"关闭（C）"按钮关闭对话框。注写文本时，按设置的文字样式进行文本标注。

一般长仿宋体的样式为如图 7-3 所示。

一般数字符号的样式为如图 7-4 所示。

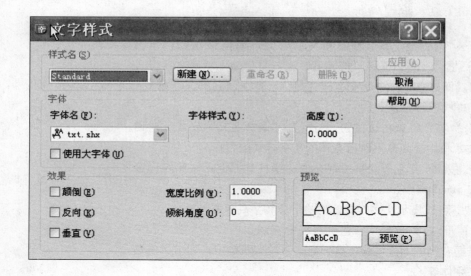

图 7-3 长仿宋体的样式

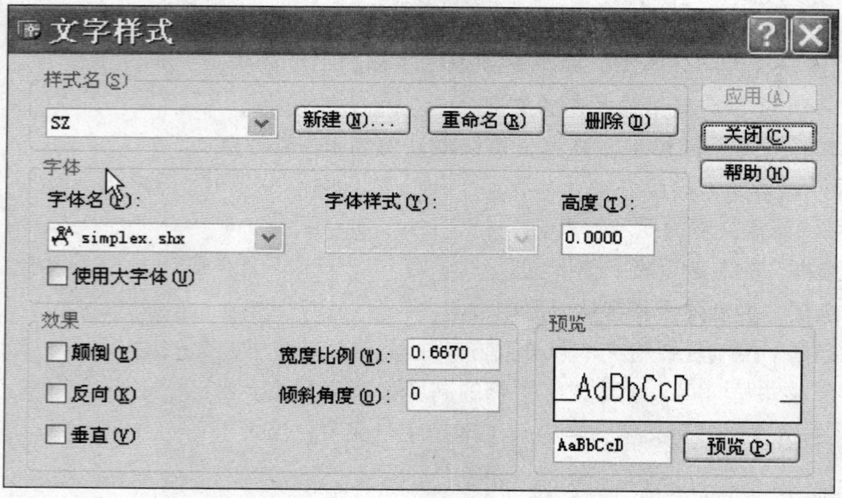

图 7-4 数字符号的样式

## 7.1.2 单行文本注写

(1) 功能

注写单行文字，标注中可使用回车键换行，也可在另外的位置单击鼠标左键，以确定一个新的起始位置。不论换行还是重新确定起始位置，每次输入的一行文本为一个实体。

(2) 命令的输入方式

1) 键盘输入　命令：TEXT（DT）
2) 下拉菜单　绘图（D）→文字（X）→光标菜单→单行文字（S）…。
3) 工具条　在"文字"工具条中，单击"单行文字"图标按钮 A，如图7-5所示。

图 7-5 "文字"工具条

系统提示：多行文字编辑文字　文字样式　对正文字

当前文字样式：当前值　当前文字高度：当前值

指定文字的起点或［对正（J）/样式（S）］：（输入选择项）单行文字　查找和替换缩放文字转换间距

（3）各选择项说明

1）指定文字的起点用于确定文本基线的起点位置，平注写时，文本由此点向右排列，称为"左对齐"，为默认选项。

2）J 用于确定文本的位置和对齐方式。

3）S 用来选择已设置的文字样式。

4）? 显示当前图形文件中所有文字体样式。当输入"?"选项并回车后，则打开文本窗口，列出当前图形文件中的所有字体式样。

## 7.1.3　段落文本注写

（1）功能

一次注写或引用多行段落文本，各行文本都以指定宽度及对齐方式排列并作为一个实体。

（2）格式

1）键盘输入　命令：Mtext（MT）

2）下拉菜单　绘图（D）→文字（X）→光标菜单→多行文字（M）。

3）工具条　在"绘图"工具条中，单击"多行文字"图标按钮；在"文字"工具条中，单击"多行文字"图标按钮 A 。

系统提示：

指定第一角点：（确定第一个角点）

指定对角点或［高度（H）/对正（J）/行距（L）/旋转（R）/样式（S）/宽度（W）］：（输入选择项）

（3）各选择项说明

1）指定对角点　用于确定标注文本框的另一角点，为缺省选项。

2）H 用于确定字体的高度。

3）J 用于设置文本的排列方式。

4）L 用于设置行间距。

5）R 用于设置文本框的倾斜角度。

（4）多行文本

当确定标注多行文本区域后，屏幕上弹出创建多行文字的"文字格式"工具条和文字输入窗口，如图 7-6 所示。利用它们可以设置多行文字的样式、字体及大小等属性。

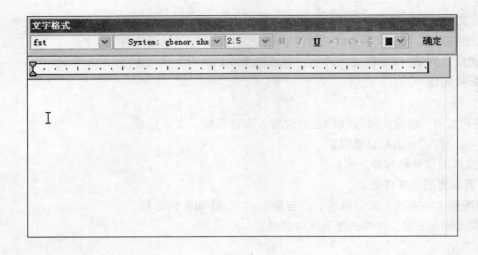

图 7-6 创建多行文字的"文字格式"工具条和文字输入窗口

使用"文字格式"工具栏 用于对多行文字的输入设置,其主要功能:
① "文字格式"下拉列表框 用于显示和选择设置的文字样式。
② "字体"下拉列表框 用于显示和选择文字使用的字体。
③ "高度"下拉列表框 用于显示和设置文字的高度。可以从下拉列表框中选择,也可以直接输入高度值。

## 7.1.4 特殊字符的输入

在图样中,经常需要标注一些从键盘不能直接输入的特殊字符,如:Φ、±、°(度)、△、□、α 等,可采用以下方法。

(1) 在单行文字命令状态下输入

可利用 AutoCAD 提供的控制码输入特殊字符。从键盘上直接输入这些控制码,可以输入特殊字符。控制码及其对应的特殊字符,见表 7-1。

控制码及其对应的特殊字符　　　　表 7-1

| 控制码 | 相对应的特殊字符 | 控制码 | 相对应的特殊字符 |
| --- | --- | --- | --- |
| %%O | 打开或关闭文字上画线 | %%P | ± |
| %%U | 打开或关闭文字下画线 | %%C | Φ |
| %%D | °(度) | %%% | % |

(2) 在多行文字命令状态下输入

"多行文本操作右键快捷菜单"中,在"符号"选项中选择特殊字符的输入,如图 7-7 所示。

### 7.1.5 文本编辑

有时需要对已标注文本的内容、样式等进行编辑修改，可采用以下方法完成。

（1）文本内容编辑

1）功能

对单行文本或段落文本内容进行编辑修改。

2）命令的输入方式

①键盘输入　命令：Ddedit（ED）

②下拉菜单　修改（M）→对象（O）→文字（T）→光标菜单→编辑（E）……。

系统提示：

选择注释对象或［放弃（U）］：（选取文本）

若选取的文本为单行文本，则弹出"编辑文字"对话框，如图7-8所示。在该对话框中，对文本内容进行编辑修改。

若选取的文本为段落文本，则弹出创建多行文字的"文字格式"工具条和文字输入窗口，可以对文本进行全面的编辑。

③双击所要编辑的文字。弹出的对话框同上。

图7-7　多行文本操作右键快捷菜单

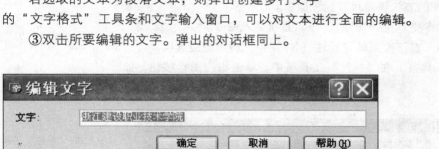

图7-8　"编辑文字"对话框

（2）用"特性"命令编辑文本

在弹出"特性"对话框的文本属性形式中，可对所选择的文本进行编辑修改。

（3）利用剪贴板复制文本

利用 Windows 操作系统的剪贴板功能，实现文本的剪切、复制和粘贴。

## 7.2　尺寸标注

尺寸标注是绘图设计中的一项重要工作，图样上各实体的位置和大小需要通过尺寸标注来表达。利用系统提供的尺寸标注功能，可以方便、准确地标注图样上各种尺寸。

### 7.2.1　尺寸标注的基本概念

（1）尺寸的组成

一个完整的尺寸由尺寸线（Dimension Lines）、尺寸界线（Extension Lines）、

箭头（Arrows）和尺寸文本（Text）组成。通常 AutoCAD 将构成尺寸的四个部分以块的形式存放在图形文件中。因此，AutoCAD 中的尺寸是一个实体。

（2）尺寸标注的类型

系统提供了三种基本的标注类型：线性（长度）、半径和角度。标注可以是水平、垂直、对齐、旋转、坐标、基线或连续等，如图 7-9 所示。

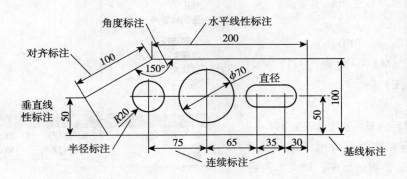

图 7-9　尺寸标注的类型

（3）尺寸标注命令的调用

在系统中，可用不同的方法调用尺寸标注命令。

1）键盘输入　在命令提示符"命令："下，直接输入命令。

2）使用下拉式菜单　在下拉菜单"标注（N）"中，调用相应选项。

3）使用"标注"工具条　在"标注"工具条中，单击相应图标按钮，如图 7-10 所示。

图 7-10　"标注"工具条

（4）尺寸标注的步骤

对图形尺寸标注时，通常应遵循以下步骤：

1）调用"图层特性管理器"对话框，创建一个独立的图层，用于尺寸标注。

2）调用"文字样式"对话框，创建一个文字样式，用于尺寸标注。

3）调用"标注样式管理器"对话框，设置标注样式。

4）调用尺寸标注命令，使用对象捕捉功能，对图形进行尺寸标注。

### 7.2.2　尺寸样式的设置及管理

在图形尺寸标注之前，应为尺寸标注创建一个尺寸标注样式。通过"标注样式管理器"对话框来创建及管理尺寸标注样式，也可以改变尺寸标注系统变量，来设置尺寸标注样式。

（1）尺寸标注样式的创建及管理

1）功能

创建和管理尺寸标注样式。

2）命令的输入方式

①键盘输入　命令：Ddim（D）

②下拉菜单　标注（N）→样式（S）…，或格式（F）→标注样式（D）…。

③工具条　在"标注"工具条中，单击"标注样式"图标按钮 ；在"样式"工具条中，单击"标注样式管理器"图标按钮 。

此时，弹出"标注样式管理器"对话框，如图7-11所示。

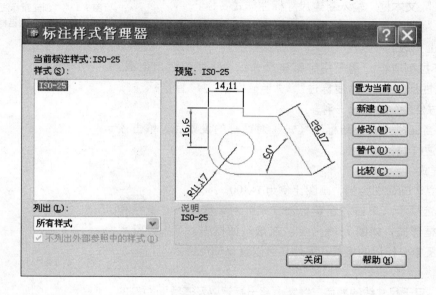

图7-11　"标注样式管理器"对话框

3）对话框说明

①"当前标注样式："显示栏　显示当前正在使用的尺寸标注样式名称。

②"样式（S）"列表框　显示当前图形文件中所有尺寸标注样式。在该列表中，选中某一尺寸标注样式并单击右键，则弹出一快捷菜单，利用该快捷菜单可以设置、重命名、删除所选的尺寸标注样式。

③"列出（L）"下拉列表框　在该列表框中，可以选择在"样式（S）"列表框中所显示的尺寸标注样式，可在"所有样式"和"正在使用的样式"之间选择。

④"不列出外部参照中的样式（D）"复选框　确定是否在"样式（S）"列表框中显示外部参照的尺寸标注样式。

⑤"置为当前（U）"按钮　把在"样式（S）"列表框中选中的尺寸标注样式设置为当前尺寸标注样式。

⑥"预览：×××"显示框　显示当前尺寸标注样式的图形标注效果。

⑦"说明"显示框　显示对当前使用的尺寸标注样式的说明。

另外，在该对话中还包括："新建（N）…"、"修改（M）…"、"替代（O）…"、"比较（C）…"按钮，单击它们可以调出下一级对话框。在用"新建（N）…"、"修改（M）…"、"替代（O）…"三个按钮调出的对话框中，都包括六个相同的选项卡："直线和箭头"、"文字"、"调整"、"主单位"、"换算单位"和"公差"。

(2) 创建新尺寸标注样式

1) 确定新尺寸标注样式名称

在"标注样式管理器"对话框中，单击"新建(N)…"按钮，弹出"创建新标注样式"对话框，如图 7-12 所示。取新样式名为：园林（YL）。

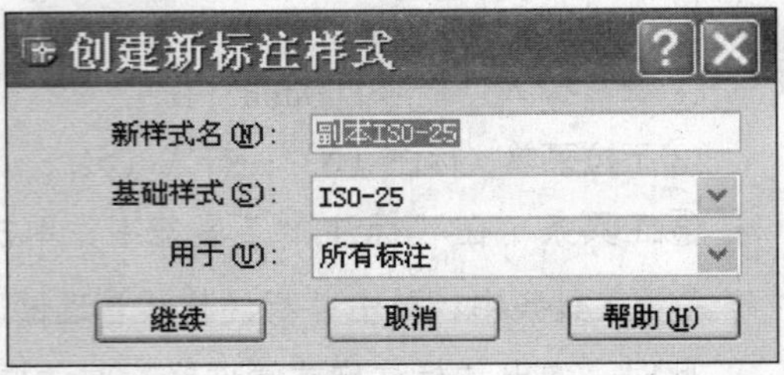

对话框说明：

① "新样式名（N）"文本框　输入新建尺寸标注样式名称。

图 7-12 "创建新标注样式"对话框

② "基础样式（S）"下拉列表框　用于选择一个已有的基础标注样式，新样式可在该基础样式上生成。

③ "用于（U）"下拉列表框　用于指定新建尺寸标注样式的适用范围，可在"所有标注"、"线性标注"、"角度标注"、"半径标注"、"直径标注"、"坐标标注"和"引线与公差"中选择一种。

④ "继续"按钮　当完成"创建新标注样式"对话框的设置后，单击该按钮，将打开"新建标注样式"对话框。

2) 创建尺寸标注样式

以画园林建筑平、立、剖面图为例，画图比例为 1：100。

① "直线和箭头"选项卡　单击"新建标注样式"对话框中的"直线和箭头"选项卡后，对话框形式，如图 7-13 所示。在该对话框中，可以设置尺寸线、尺寸界线、箭头及中心标记的格式，另外还可以设置颜色等。

对话框说明：

●"尺寸线"区域　用于尺寸线的颜色、线宽、超出标记以及基线间距等的设置。

●"尺寸界线"区域　用于设置尺寸界线。可设置尺寸界线的颜色、线宽、超出尺寸线的长度和起点偏移量，控制是否隐藏尺寸界线等。

●"箭头"区域　可以设置尺寸线和引线箭头的类型及箭头尺寸大小。一般情况下，尺寸线的两个箭头应一致。为了满足不同类型尺寸标注的需要，系统提供了多种不同类型的箭头样式，可以通过单击相应的下拉箭头，在弹出的下拉列表框中选择，并在"箭头大小（I）"文本框中设置它们的大小。

●"圆心标记"区域　用于设置圆心标记的类型和大小。

② "文字"选项卡　单击"新建标注样式"对话框中的"文字"选项卡后，对话框形式如图 7-14 所示。在该对话框中，可以设置标注文字的外观、位置和对齐方式。

对话框说明：

●"文字外观"区域　用于尺寸文字的样式、颜色、高度和分数高度比例以及控制是否绘制文字边框。

"文字样式（Y）"下拉列表框　选择文字样式。可以单击该框右侧的下拉箭头，在弹出的下拉列表框中，选择文字样式。单击该列表框右侧按钮，将弹出"文字样式"对话框，在该对话框中，可以设置新的文字样式。

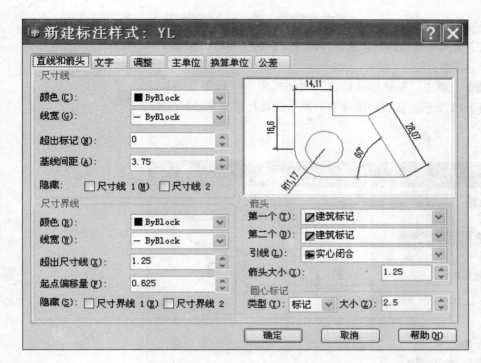

图 7-13 "新建标注样式"对话框的"直线和箭头"选项卡形式

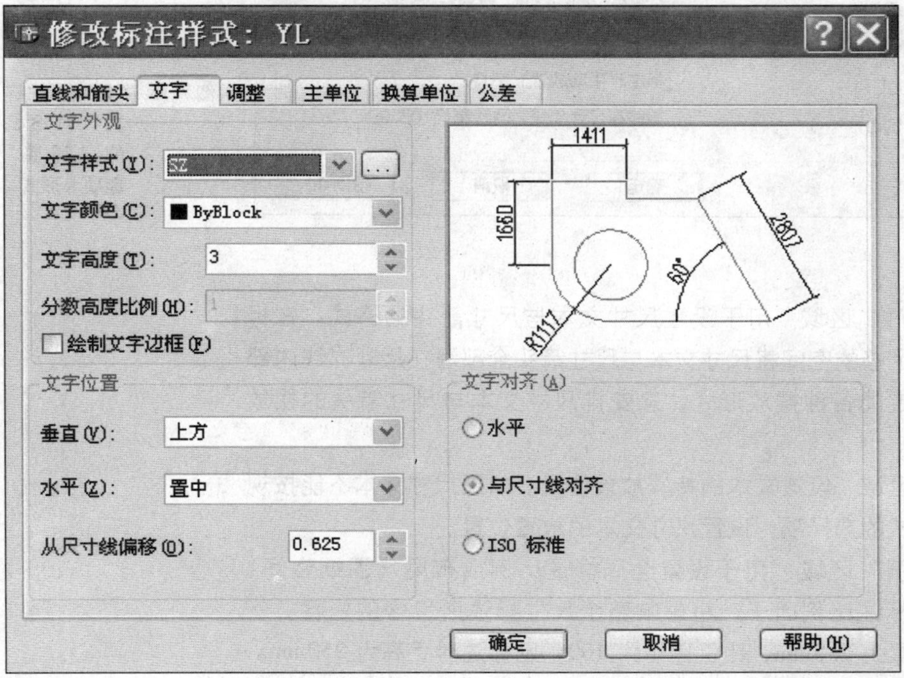

图 7-14 "新建标注样式"对话框的"文字"选项卡形式

- "文字位置"区域 设置文字的垂直、水平位置及距尺寸线的距离。
- "文字对齐"区域 用于控制标注文本的书写方向。它包括三个单选框:"水平"单选框,标注文字水平放置;"与尺寸线对齐"单选框,尺寸文

第 7 章 文本注写与尺寸标注 · 97 ·

本始终与尺寸线保持平行;"ISO 标准"单选框,尺寸文本书写按 ISO 标准的要求书写,即:当文字在尺寸界线内时,文字与尺寸线保持平行,当文字在尺寸界线外时,文字水平排列。

③ "调整"选项卡  单击"新建标注样式"对话框中的"调整"选项卡后,对话框形式如图 7-15 所示。在该对话框中,用于设置标注文字、尺寸线、尺寸箭头的位置。

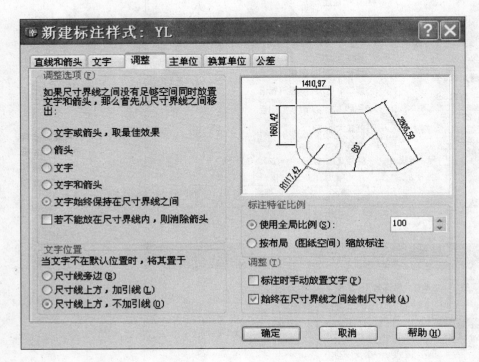

图 7-15 "新建标注样式"对话框的"调整"选项卡形式

对话框说明:

• "调整选项（F）"区域  用于设置尺寸文本与尺寸箭头的格式。在标注尺寸时,如果没有足够的空间将尺寸文本与尺寸箭头全部写在尺寸界线内部时,可选择该栏所确定的各种摆放形式,来安排尺寸文本与尺寸箭头的摆放位置。

• "文字位置"区域  设置文本的特殊放置位置。如果尺寸文本不能按规定放置时可采用该区域的选择项,设置尺寸文本的放置位置。

• "标注特征比例"区域  用于设置全局标注比例或布局（图纸空间）比例。所设置的尺寸标注比例因子,将影响整个尺寸标注所包含的内容。例如:如果文本字高设置为 2.5mm,比例因子为 100,则标注时字高为 250mm。

a. "使用全局比例（S）"单选框及文本框  用于选择和设置尺寸比例因子,使之与当前图形的比例因子相符。例如,在一个准备按 1:100 缩小输出的图形中（图形比例因子为 100）,如果文字高度都被定义为 3,且要求输出图形中的文字高度和箭头尺寸也为 3。那么,必须将该值（变量 DIMSCALE）设为 100。这样一来，在标注尺寸时 AutoCAD 会自动地把标注文字和箭头等放大到 250。而当用绘图设备输出该图时，高度为 300 的文字又减为 3。该比例不改变尺寸的测量值。

b．"按布局（图纸空间）缩放标注"单选框　确定该比例因子是否用于布局（图纸空间）。如果选中该单选框，则系统会自动根据当前模型空间视口和图纸空间之间的比例关系设置比例因子。

- "调整（T）"区域　用来设置标注尺寸时是否进行附加调整。

a．"标注时手动放置文字（P）"复选框　根据需要，手动放置标注文本。

b．"始终在尺寸界线之间绘制尺寸线（A）"复选框　在尺寸界线之间必须画出尺寸线。

④"主单位"选项卡　单击"新建标注样式"对话框中的"主单位"选项卡后，对话框形式如图 7-16 所示。在该对话框中，用于设置主单位的格式、精度和标注文本的前、后缀等。

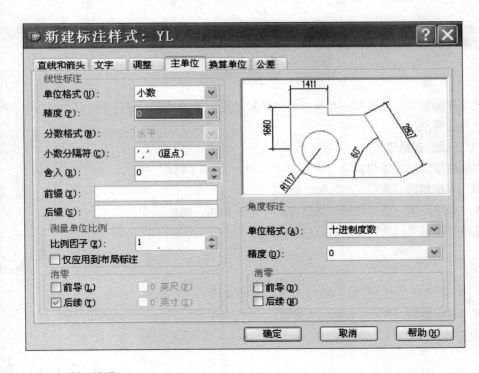

图 7-16　"新建标注样式"对话框的"主单位"选项卡形式

对话框说明：

"线性标注"区域，设置线性标注尺寸的单位格式和精度。

a．"单位格式（U）"下拉列表框　选择标注单位格式。单击该框右边的下拉箭头，在弹出的下拉列表框中，选择单位格式。单位格式有"科学"、"小数"、"工程"、"建筑"、"分数"、"Windows 桌面"。

b．"精度（P）"下拉列表框　设置尺寸标注的精度，即保留的小数点后的位数。

(3) 修改标注样式

在"标注样式管理器"对话框中,单击"修改（M）…"按钮,弹出"修改标注样式"对话框。该对话中所包含的内容和使用方法与"新建标注样式"对话框相同。可以对当前尺寸标注样式进行修改。

### 7.2.3 长度型尺寸标注

(1) 线性尺寸标注

1) 功能

用来标注水平、垂直和指定角度的长度型尺寸。

2) 命令的输入方式

①键盘输入　命令：Dimlinear（Dimlin）

②下拉菜单　标注（N）→线性（L）。

③工具条　在"标注"工具条中,单击"线性标注"图标按钮 ⊢。

系统提示：

指定第一条尺寸界线原点或〈选择对象〉：

（输入选择项）

3) 选择项说明

①指定第一条尺寸界线原点　指定第一条尺寸界线的起始点。后续提示：

指定第二条尺寸界线原点：

（选择第二条尺寸界线的起始点）

创建了无关联的标注指定尺寸线位置或［多行文字（M）/文字（T）/角度（A）/水平（H）/垂直（V）/旋转（R）］：（输入选择项）

②选择标注实体　直接回车,选择线段、弧线或圆等图形实体,然后以实体的端点作为尺寸界线的起始点。后续提示：

选择标注对象：

（选择标注对象）

选择标注对象：指定尺寸线位置或［多行文字（M）/文字（T）/角度（A）/水平（H）/垂直（V）/旋转（R）］：（输入选择项）

(2) 对齐尺寸标注

1) 功能

用于标注一个尺寸线与指定的尺寸界线起始点连线平行或与所选择实体平行的长度尺寸。

2) 命令的输入方式

①键盘输入　命令：Dimaligned（Dimali）

②下拉菜单　标注（N）→对齐（G）。

③工具条　在"标注"工具条中,单击"对齐标注"图标按钮 ⌐。

系统提示：

指定第一条尺寸界线原点或〈选择对象〉：
（输入选择项）

3）选择项说明

①指定第一条尺寸界线原点　直接指定一点作为第一尺寸界线起始点，后续提示：

指定第二条尺寸界线原点：
（指定第二个尺寸界线的起始点）
创建了无关联的标注。
指定尺寸线位置或［多行文字（M）/文字（T）/角度（A）］：（输入选择项）

②选择实体　直接按回车键，后续提示：
选择标注对象：
（选择标注尺寸的对象）
指定尺寸线位置或［多行文字（M）/文字（T）/角度（A）］：（输入选择项）

（3）基线尺寸标注

1）功能

用来标注从同一条基线开始的一系列尺寸。

2）命令的输入方式

①键盘输入　命令：Dimbase（Dimbaseline）
②下拉菜单　标注（N）→基线（B）。
③工具条　在"标注"工具条中，单击"基线标注"图标按钮 ⊟。

系统提示：
指定第二条尺寸界线原点或［放弃（U）/选择（S）］〈选择〉：（输入选择项）

3）各选择项说明

①指定第二条尺寸界线原点　直接指定第二条尺寸界线的起始点，系统连续提示。

②U 删除前一个基线标注的尺寸。
③S 重新选择一个尺寸界线作为基线尺寸标注的基准线。
④选择　直接回车，选择一个尺寸界线作为基线标注的基准线。

（4）标注连续型长度尺寸

1）功能

所标注尺寸的尺寸界线均以前一个尺寸的第二条界线作为该尺寸线的第一条尺寸界线，并且尺寸线在同一直线上。

2）命令的输入方式

①键盘输入　命令：Dimcont（Dimcontinue）
②下拉菜单　标注（N）→连续（C）。

③工具条　在"标注"工具条中，单击"连续标注"图标按钮 ⊢⊢⊢ 。

系统提示：

指定第二条尺寸界线原点或［放弃（U）/选择（S）］〈选择〉（输入选择项）

在进行连续标注或基线标注时，首先应创建（或选择）一个线性、坐标或角度标注作为基准标注，以确定连续标注或基线标注所需要的前一尺寸标注的尺寸界线。

### 7.2.4　角度型尺寸标注

（1）功能

用来标注两条非平行直线之间的夹角、圆弧的圆心角以及不共线三点决定的两直线之间的夹角。

（2）命令的输入方式

1）键盘输入　命令：Dimang（Dimangular）

2）下拉菜单　标注（N）→角度（A）。

3）工具条　在"标注"工具条中，单击"角度标注"图标按钮 △ 。

系统提示：

选择圆弧、圆、直线或〈指定顶点〉：

（输入选择项）

此时，可以直接选择要标注的圆弧、圆或不平行的两条直线，若回车，则可选择不共线的三点所确定的夹角。

当直接确定尺寸线的位置时，系统按测量值标注出角度。另外，还可以通过"多行文字（M）"、"文字（T）"、"角度（A）"等选项，输入标注的尺寸值及尺寸数值的倾斜角度。

### 7.2.5　半径型尺寸、直径型尺寸标注和中心标记

（1）半径型尺寸标注

1）功能

标注圆弧或圆的半径。

2）命令的输入方式

①键盘输入　命令：Dimradius（Dimrad）

②下拉菜单　标注（N）→半径（R）。

③工具条　在"标注"工具条中，单击"半径标注"图标按钮 ⊙ 。

系统提示：

选择圆弧或圆：

（选择圆弧或圆对象）

指定尺寸线位置或［多行文字（M）/文字（T）/角度（A）］：（输入选择项）

当直接确定尺寸线的位置时，系统按测量值标注出半径及半径符号。另

外,还可以用"多行文字(M)"、"文字(T)"、"角度(A)"选项,输入标注的尺寸值及尺寸数值的倾斜角度,当重新输入尺寸值时,应输入前缀"R"。

(2) 直径型尺寸标注

1) 功能

标注圆或圆弧的直径。

2) 命令的输入方式

①键盘输入　命令：Dimdia(Dimdiameter)

②下拉菜单　标注(N)→直径(D)。

③工具条　在"标注"工具条中,单击"直径标注"图标按钮 ⊘ 。

系统提示：

选择圆弧或圆：

(选择圆弧或圆对象)

指定尺寸线位置或[多行文字(M)/文字(T)/角度(A)]：(输入选择项)

当直接确定尺寸线的位置时,系统按测量值标注出直径及直径符号。另外,还可以用"多行文字(M)"、"文字(T)"、"角度(A)"选项,输入标注的尺寸值及尺寸数值的倾斜角度,当重新输入尺寸值时,应输入前缀"%%C"(直径"φ"的输入)。

(3) 圆心标记

1) 功能

绘制圆或圆弧的圆心标记或中心线,符号大小由尺寸变量 DIMCEN 控制。

2) 命令的输入方式

①键盘输入　命令：Dimcenter

②下拉菜单　标注(N)→圆心标记(C)。

③工具条　在"标注"工具条中,单击"圆心标记"图标按钮 ⊕ 。

系统提示：

选择圆弧或圆：

(选择圆弧或圆对象)

3) 说明

圆心标记可以是过圆心的十字标记,也可以是过圆心的中心线。它是通过系统变量 DIMCEN 的设置来进行控制,当该变量值大于 0 时,作圆心十字标记,且该值是圆心标记的线长度的一半;当变量值小于 0 时,画中心线,且该值是圆心处小十字长度的一半。

## 7.2.6 坐标型尺寸标注

(1) 功能

以坐标形式标注实体上任一点的坐标值。

(2) 命令的输入方式

1) 键盘输入　命令：Dimord（Dimordinate）

2) 下拉菜单　标注（N）→坐标（O）。

3) 工具条　在"标注"工具条中，单击"坐标标注"图标按钮 。

系统提示：

指定点坐标：

（指定一点）

指定引线端点或［X 基准（X)/Y 基准（Y)/多行文字（M)/文字（T)/角度（A)］：（输入选项）

(3) 选择项说明

1) 指定引线端点　根据给出两点的坐标差生成坐标尺寸，如果 X < Y 则标注 Y 坐标，反之则标注 X 坐标。

2) X 标注 X 坐标。

3) Y 标注 Y 坐标。

4) M 输入多行尺寸文本。

5) T 可以在引线后标注文本。

6) A 表示输入文本转角，产生一个标注文本与水平线呈一定角度的尺寸标注。

### 7.2.7　快速引线标注

(1) 功能

用连续折线或圆滑线对某一实体对象进行尺寸标注及注释，并能够设置引线标注格式。

(2) 命令的输入方式

1) 键盘输入　命令：Qleader

2) 下拉菜单　标注（N）→引线（E）

3) 工具条　在"标注"工具条中，单击"快速引线"图标按钮 。

系统提示：

指定第一个引线点或［设置（S)］〈设置〉：（输入选择项）

(3) 选择项说明

1) 指定第一个引线点。确定引出线的第一点。当直接确定引线第一点后，后续提示：

指定下一点：

（确定引线的下一点）

指定下一点：

（结束画引线）

指定文字宽度〈当前值〉：

（输入文本的宽度）

输入注释文字的第一行〈多行文字（M）〉：（输入尺寸文本及注释）

2）S 设置引线标注格式。为默认选项，直接回车后，弹出"引线设置"对话框。图 7-17 在该对话框中，有"注释"、"引线和箭头"及"附着"三个选项卡。

图 7-17 "引线设置"对话框

## 7.2.8 快速尺寸标注

（1）功能

用于快速尺寸标注，可以快速地创建一系列标注。特别适合完成一系列基线或连续标注，或者完成一系列圆或圆弧的标注。

（2）命令的输入方式

1）键盘输入　命令：Qdim

2）下拉菜单　标注（N）→快速标注（Q）。

3）工具条　在"标注"工具条中，单击"快速标注"图标按钮 ![icon]。

系统提示：

关联标注优先级 = 端点

选择要标注的几何图形：

（选择要标注尺寸的几何体）

选择要标注的几何图形：

（结束要标注尺寸的几何体选择）

指定尺寸线位置或［连续（C）/并列（S）/基线（B）/坐标（O）/半径（R）/直径（D）/基准点（P）/编辑（E）/设置（T）]〈半径〉：（输入选择项）

## 7.2.9 尺寸关联

尺寸关联是指标注尺寸与被标注的实体对象有关联关系。其含义为：如果标注的尺寸值是按自动测量值标注，且尺寸标注是按尺寸标注关联模式标注的，那么改变被标注的实体对象大小后，相应的标注尺寸也发生改变，即尺寸界线、尺寸线的位置改变到相应新位置，尺寸值也改变成新测量值。反之，改变尺寸界线起始点的位置，尺寸值也会发生相应的变化。

可以用尺寸变量 DIMASSOC 设置所标注的尺寸是否为关联标注，可以将非关联的尺寸标注修改成关联形式，还可以查看尺寸标注是否为关联标注。

### 7.2.10 尺寸标注编辑

对已存在的尺寸的组成要素进行局部修改，使之更符合有关规定。

(1) 修改尺寸标注文本

1) 功能

用于修改尺寸文本，即将原来文本指定新文本。

2) 命令的输入方式

①键盘输入　命令：Ddedit

②下拉菜单　修改（M）→对象（O）→文字（T）→编辑（E）…。

系统提示：

选择注释对象或［放弃（U）］：（输入选择项）

3) 选择项说明

①选择注释对象　拾取尺寸文本对象。当完成尺寸文本的拾取并回车后，在弹出的"文字格式"窗口中，可以输入新的尺寸文本。

②U 放弃最近一次的文本编辑操作。

(2) 编辑标注

1) 功能

编辑已标注尺寸的标注文字内容和放置位置。

2) 命令的输入方式

①键盘输入　命令：Dimedit

②下拉菜单　标注（N）→对齐文字（X）→光标菜单。

③工具条　在"标注"工具条中，单击"编辑标注"图标按钮 A。

(3) 调整标注文本位置

1) 功能

用于对标注文本位置的调整。

2) 命令的输入方式

①键盘输入　命令：Dimtedit

②下拉菜单　标注（N）→对齐文字（X）→光标菜单。

③工具条　在"标注"工具条中，单击"编辑标注文字"图标按钮。

(4) 标注更新

功能

将已有的标注由当前样式转换成另一种标注样式。

设置目标样式，单击标注工具栏右侧的下拉列表，选择将采用的标注样式，如图 7-18 所示。

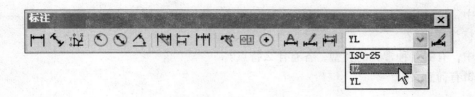

图 7-18 标注更新

（5）分解尺寸组成实体

利用"分解"命令可以分解尺寸组成实体，将其分解为文本、箭头、尺寸线等多个实体。

（6）用"特性"对话框修改已标注的尺寸

通过"特性"对话框，对选择的尺寸标注进行样式及属性修改。双击要修改的尺寸就能弹出"特性"对话框。

[例题] 如图 7-19 所示。

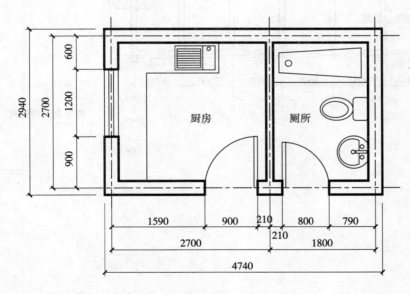

图 7-19 例图

1）设好长仿宋体字和数字的文字样式。
2）用单行文字书写文字。
3）设好尺寸标注样式。
4）先用线性标注接着用连续标注尺寸。

## 复习思考题

一、问答题

1. 用 Dtext 命令和 Mtext 命令标注的文本有何区别？

2. 创建"文字样式"的用途是什么？
3. 有哪些输入特殊字符的方法？
4. 要改变单行文本的字体类型或字高，应如何操作？
5. 在尺寸标注中，尺寸有哪几部分组成？
6. 如何设置"标注样式"？
7. 在尺寸标注中，有哪几种常见的类型，各有什么特点？
8. 尺寸标注编辑有何意义？

二、作图题

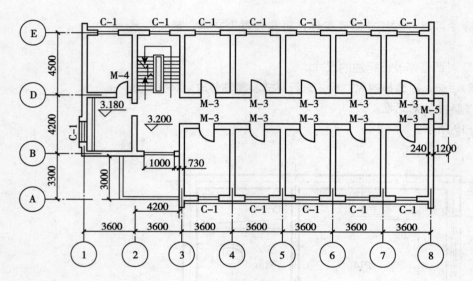

图 7-20　作图题

# 第8章 园林施工图的专题练习

## 8.1 园林设计图的基本知识

### 8.1.1 园林设计图的原理

园林设计图是根据投影的原理和有关园林专业知识并按照国家颁布的有关标准和规范绘制的一种工程图纸。它是园林界的语言,它能够将设计者的思想和要求比较直观地表达出来,人们可以形象地理解到其设计意图和艺术效果;它也是生产施工和管理的重要依据。

### 8.1.2 园林设计图的特点

1)园林设计的表现对象是:山岳奇石、水域风景等自然景观和名胜古迹等历史人文景观,以及山石、水体、路桥、园林建筑、园林小品、园林植物等工程设施。它涉及面广,表现的对象种类繁杂、形态各异,是不同于建筑、机械等图纸的主要特点。

2)由于园林图所表达的对象种类繁多、形态各异,且大都没有统一的形状尺寸,尺度比例变化较大,使用工具仪器作图较难,为满足园林图自然美观、图线流畅的要求,徒手画法就成为园林图绘制的重要方法,这是园林设计图的特点之二。

3)由于园林图涉及面广,表现内容多,因此,绘制园林图涉及的制图标准及规范较多,这是园林图的特点之三。

4)园林设计以自然景观为基础,通过人为的艺术加工和工程施工等手段,创造出符合一定要求的美的环境。因此,它综合了美学、艺术、建筑、绘画、文学等多学科的理论,具有综合性是其特点之四。

### 8.1.3 园林设计图的种类

园林设计图包括园林工程施工图和园林建筑施工图。

园林工程施工图表达了工程区域范围内总体设计及各项工程设计内容、施工要求和施工做法等内容。根据其内容和作用分为:园林总体规划设计图、竖向设计图、山石施工图、园路广场施工图、水体施工图、种植设计施工图等。

园林建筑施工图表达了建筑物的内外形状和大小,以及各部分的结构、构造、装饰、设备的做法和施工要求,是组织和指导施工的主要依据。根据其内容和作用分为:建筑施工图、结构施工图、设备施工图。建筑施工图主要表达建筑设计的内容,包括总平面图、平面图、立面图、剖视图和构造详图等。结构施工图主要表达结构设计的内容,包括结构布置的平面图和各构件的详图等。设备施工图主要表达设备设计的内容,包括给水排水、采暖通风、电气照明等设备的布置平面图、系统轴测图和详图。

虽然各类图纸表达的内容和作用不同,但用 AutoCAD 绘制图形的过程基本相同,其基本步骤如下。

1)设置绘图环境。包括图形界限,单位,图层,标注样式等。

2）内容绘制。包括图形的绘制，标注尺寸，输入文字以及其他相关内容的绘制。

3）布局设置和打印输出。

## 8.2 园林工程施工图的绘制

### 8.2.1 园林总体规划设计图

（1）园林工程设计图包括总体规划设计图和各分项设计图。园林总体规划设计图简称总平面图，它是园林设计最基本的图纸。它是设计范围内所有造园要素的水平投影图，能够较全面的反映园林设计的总体思想及设计意图，是绘制其他园林设计图（如地形设计图、种植设计图等）及施工和管理的主要依据。因此，也是最重要的图纸。

（2）园林工程设计图绘制要点与基本要求：

1）根据设计的要求，绘制图中设计的各种造园要素的水平投影。

2）标注比例尺或详细尺寸及坐标网进行定位。

3）绘制指北针以及风玫瑰图等符号。

4）编制图例表。

5）编写设计说明。

6）其他：注写图名、标题栏等。

（3）以图 8-1 所示的某住宅小区宅间景观总平面图为例，说明园林设计图的绘制过程。

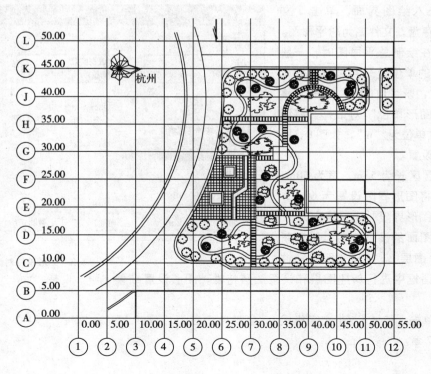

图 8-1　1 号、2 号、3 号住宅间景观总图

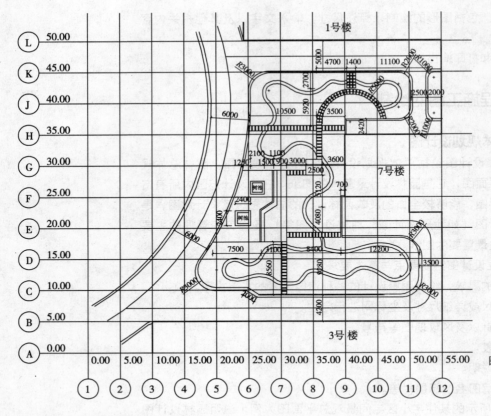

图8-2 1号、2号、3号住宅间景观定位图

1) 设置绘图环境

首先启动程序，进入绘图界面，单击[文件]/[保存]，将文件存盘，文件名为总平面图。

①设置绘图单位：在绘制总平面图时，一般绘制的范围较大，使用的单位是采用"m"为单位，小数点后面取两位，既"0.00"。单击[格式]/[单位]，弹出"图形单位"对话框，将精度设置为"0.00"，缩放单位为"m"，如图8-3所示，单击[确定]完成设置。

②设置图形界限：园区长为55m，宽为50m，再加上其他内容，我们将图形界限设置为60m×55m。单击[格式]/[图形界限]来设置完成。

③设置图层：根据图面的设计内容，明确新建的图层。[格式]/[图层]。打开"图层特性管理器"对话框，在对话框中进行新建图层和设置图层特性，图层设置结果如图8-4所示。

④设置文字样式：单击[格式]/[文字样式]，创建一个名为"样式1"的文字样式。具体见第7章。

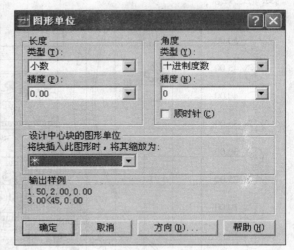

图8-3 图形单位对话框

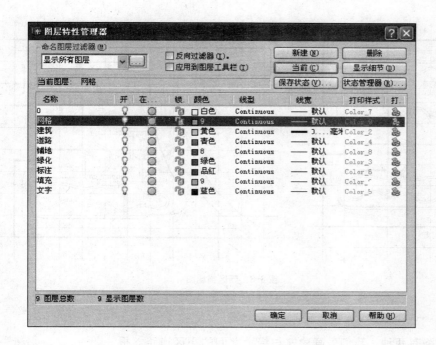

图 8-4 图层特性管理器对话框

2）绘制图形

①范围放线：园区大小为 55m×50m，所以将网格间距设置为 5m×5m。将网格图层设置为当前层，用直线（Line）命令绘制长为 65m 的水平线和长为 60m 的垂直线，两条相互交叉在左下角位置。然后用阵列（Array）命令，分别向左和向右复制直线，形成网格，如图 8-5 所示。

②绘制已有建筑平面轮廓：按定位图的尺寸，将周围已有建筑的轮廓用直线（Line）命令绘制，如图 8-6 所示。

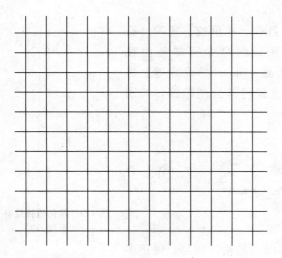

图 8-5 网格图

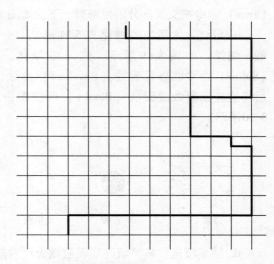

图 8-6 已有建筑平面轮廓

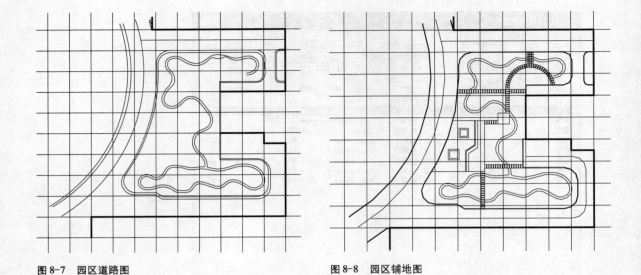

图 8-7　园区道路图　　　　　　　　　图 8-8　园区铺地图

③绘制造园要素

　　a. 道路：本图中道路有两种。我们先画建筑与绿地之间的小区道路。根据定位尺寸，用偏移（Offset）命令画出道路轮廓。然后用圆角（Fillet）命令，将转角处用圆弧相接。然后用样条曲线（Spline）命令，网格的相对位置画出绿化内的园路，如图 8-7 所示。

　　b. 铺地：本图中的铺地砖有两种，正方形的尺寸为 400mm×400mm，长方形的为 400mm×800mm。树池的尺寸为 2.4m×2.4m。先用矩形（Rectang）命令画出一个单体，然后图中线型铺地用拷贝（Copy）命令完成，圆弧的铺地用阵列（Array）中圆形阵列来完成。图中园路和铺地相交叉的地方用剪切（Trim）命令把交叉部分的线修剪一下。如图 8-8 所示。

　　c. 绿化：本图中的绿化有 5 种形式。分别为月季、龙爪槐、紫荆、石榴、海棠，如图 8-9 所示。先画好单体，可以采用的命令有样条曲线（Spline）命令、修订云线（Revcloud）命令、徒手画（Sketch）命令等。然后将这些元素做成图块（Block），再按图中所示位置将其分别布置，如图 8-10 所示。

海棠　　　　石榴　　　龙爪槐　　　月季　　　　紫荆　　　图 8-9　绿化植物绘制示例

　　d. 铺装填充：将"填充"图层做为当前层，关闭"网格"图层，使用多段线（Pline）命令将广场边界绘制形成封闭边界。使用填充（Bhatch）命令将广场地面铺装，图案可以自选。绘出如图 8-11 所示。

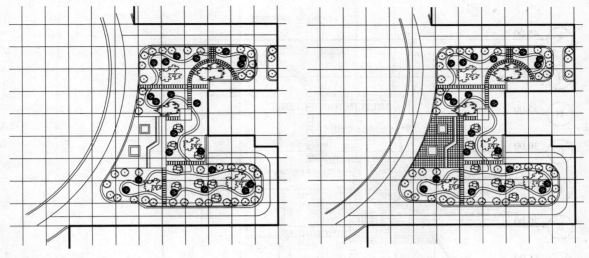

图 8-10 园区绿化图　　　　　图 8-11 园区铺装图

　　e. 绘制轴线号及风玫瑰图

　　先用画圆（Circle）命令画一个圆。比例按图纸大小自己调整。然后用块的属性定义，做一个带有属性的块。其属性就是轴线号。用拷贝（Copy）命令画完轴号以后，双击轴号，根据图纸编号将其轴号改变即可。最后，用直线（Line）命令或者多段线（Pline）命令绘出当地的风玫瑰图。这样我们就画好了园林总体规划设计图。

## 8.2.2　园林铺装设计图

　　园林铺装设计图主要是表达园林图中道路、铺地以及一些小品的材料做法的施工图。它是属于园林工程设计图中的分项设计图。本例的铺装图纸如图8-12所示。

## 8.2.3　园林高程设计图

　　园林高程设计图是根据园林平面设计图以及现状地形图绘制的一个地形平面详图。它表明了地形在竖直方向上的变化情况，是地形改造及土石方预算等的依据。其绘制要点：

　　1）绘制等高线：用多段线（Pline）命令，根据当地现状地形图绘出封闭的等高曲线。

　　2）绘制标高：地形设计图中应标注建筑、山石道路的标高。建筑物标注底层室内地面的标高，山石一般标其最高部位，道路的标高一般标注在交汇处、转向处的位置。先按制图要求绘出一个等边三角形，尖点朝下，里面填充为黑色。然后，在三角形的上面标注上高程数据，如图8-13所示。

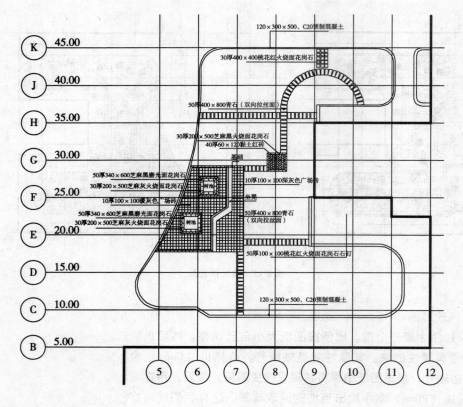

图 8-12 1号、2号、3号住宅间景观铺装图

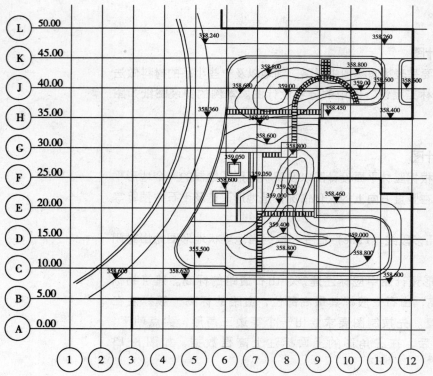

图 8-13 1号、2号、3号住宅间景观高程图

### 8.2.4 园林种植设计图

园林种植设计图是表示园林植物的种类、数量、规格、种植位置的平面图，是园林设计的重要图纸之一，也是定点放线和植物种植施工管理及编制工程预算的主要依据。其绘制要点及基本要求如下：

1）以园林设计平面为依据，绘制出建筑、水体、道路、山石等造园要素的水平投影图，并绘出地下管线或构筑物的位置，以确定植物的种植位置。

2）在植物的种植位置上绘出植物的平面图例，并在图例中注写阿拉伯数字进行编号，使每一种植物与相应的图例及编号对应。

3）编写苗木统计表。列出植物的编号、树种名称、规格、数量等，形式见表8-1。

苗木统计表　　　　　　　　　　　表8-1

| 编号 | 植物名称 | 单位 | 数量 | 规格 | 备注 |
|---|---|---|---|---|---|
| 1 | | | | | |
| 2 | | | | | |
| 3 | | | | | |
| …… | | | | | |

最后画出风玫瑰图及编写种植设计说明等。本例种植设计图如图8-14所示。

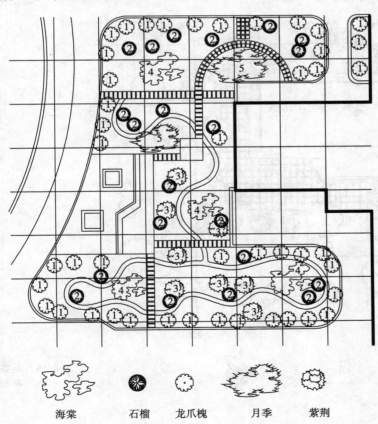

图8-14　种植设计图

### 8.2.5 园林设计立面、剖面及透视图

为了进一步表达园林设计意图及设计效果，园林设计平面图、高程设计图、种植设计图等都可以画一些立面、剖面、透视效果图等作为辅助图加以说明。这些图可以表现设计范围的整体情况，如全园鸟瞰图、地形剖面图等。也多用于表现某一局部景点或单一的造园要素，如园林小品的立面、剖面，局部种植详图等。

## 8.3 园林建筑施工图的绘制

园林建筑施工图与建筑施工图相同，能反映建筑物的形状、大小和周围环境等内容。包括建筑总平面图、建筑平面图、建筑立面图、建筑剖面图等图纸。

### 8.3.1 建筑总平面图

（1）建筑总平面图是拟建工程一定范围内的建筑物及其环境的水平投影图。它主要反映新建建筑的形状、所在位置、朝向及室外道路、地形、绿化等情况以及该建筑与周围环境的关系和相对位置等，如图8-15所示。

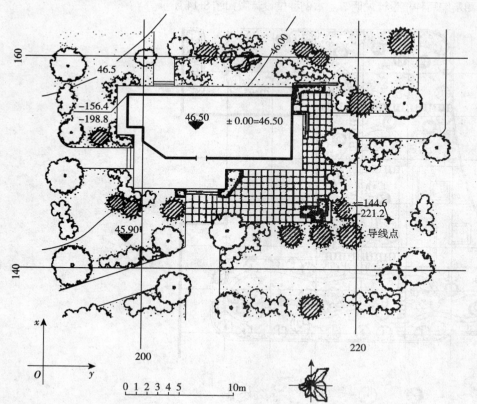

图8-15　某茶室的总平面图

（2）绘制要点及基本要求

1）选择合适的比例

总平面图所表示的区域一般都比较大，因此，常用较小的比例绘制，如1∶500，1∶1000等。

2）绘制图例

建筑总平面图是用建筑总平面图例表达其内容的。其他内容，如园林小品、山石、水体、植物配植等，按其所在位置画出它们的水平投影图。

3）用尺寸标注或坐标网进行新建建筑的定位

用尺寸标注的形式应标明与其相邻的原有建筑或道路中心线的距离。如图中无原有建筑或道路作参照物，可用坐标网，绘出坐标网格，进行建筑定位。

4）标注标高

建筑总平面图应标注建筑首层地面的标高、室外地坪及道路的标高及地形等高线的高程数字，单位均为米。

5）绘制指北针、风玫瑰图、图例等。

6）注写比例、图名、标题栏。

7）编写设计说明。

（3）上机绘图主要过程

1）设置绘图环境。

2）画出道路和各种建筑物和构筑物。

3）画出建筑物局部和绿化的细节。园林小品、山石、水体、植物配植等，按其所在位置画出它们的水平投影图。

4）尺寸标注、文字说明和图例。

5）加图框和标题。

6）打印输出。

## 8.3.2 建筑平面图

（1）建筑平面图可以表示建筑的平面形状、大小、内部的分隔和使用功能，墙、柱、门、窗、楼梯的位置等。

（2）绘制要点及基本要求

1）选择合适的比例

根据建筑物形体的大小选择合适的比例绘制，通常可选1∶50、1∶100、1∶200的比例，标准施工图多用1∶100。

2）画定位轴线并进行编号

用来确定建筑基础、墙、柱和梁等承重构件的相对位置，并带有编号的轴线称为定位轴线。定位轴线用细点划线绘制，端部画上直径为8的细实线圆，并在圆内写上编号。定位轴线的编号，宜标注在图样的下方与左侧。横向编号应用阿拉伯数字，从左至右顺序编写，竖向编号应用大写拉丁字母，从下至上顺序编号。拉丁字母中的I、O、Z不得用为轴线编号。对于那些非承重构件，可画附加轴线，附加轴线的编号，应以分数表示，分母表示前一轴线的编号，分子表示附加轴线的编号。

3）图线

凡是被剖切到的主要构造，如墙、柱等断面轮廓线均用粗实线绘制；被剖切到的次要构造的轮廓线及未被剖切平面剖切的可见轮廓线用中实线绘制，如窗台、台阶、楼梯、阳台等；尺寸线、图例线、索引符号等用细实线绘制。

4）门窗的画法

门、窗的平面图画法应按图例绘制。

5）尺寸标注

建筑平面图的外部尺寸应标注门窗洞口尺寸、轴线尺寸及总尺寸。

6）绘制指北针、剖切符号，注写图名、比例等

（3）以图 8-16 所示的茶室平面图比例 1：100 为例，说明用 AutoCAD 2004 绘制建筑平面图的过程。

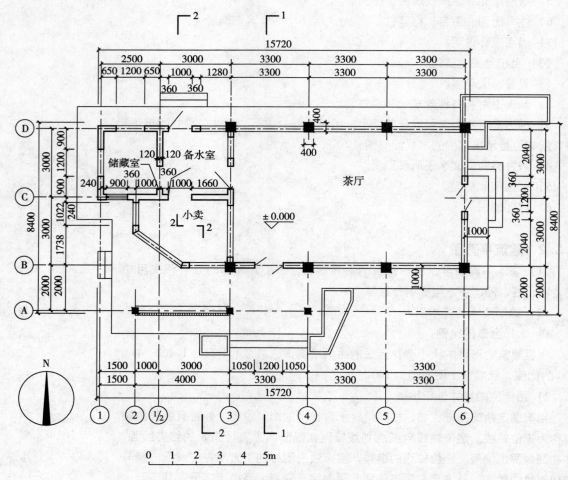

图 8-16 茶室平面图

1）建立绘图环境

首先启动程序，进入绘图界面，单击［文件］/［保存］，将文件存盘，文件名为茶室建筑施工图。

①设置绘图单位：在绘制平、立、剖面图时，以"毫米"为单位，不保留小数，既"0"。单击［格式］/［单位］，弹出"图形单位"对话框，将精度设置为"0"，缩放单位为"毫米"，如图8-17所示，单击［确定］完成设置。

②设置图形界限：一般A3图纸我们将图形界限设置为42000m×29700m。单击［格式］/［图形界限］来设置完成。点一下全部缩放，或打Z（ZOOM）回车，选择A回车。

③设置图层：根据图面的设计内容，明确新建的图层。［格式］/［图层］。打开"图层特性管理器"对话框，在对话框中进行新建图层和设置图层特性，图层设置结果如图8-18所示。

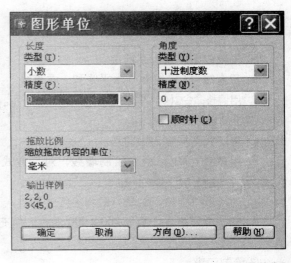

图8-17　"图形单位"对话框

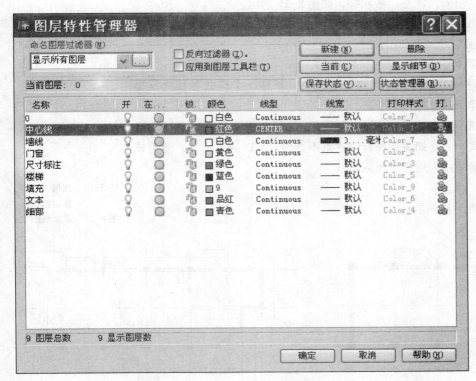

图8-18　图层设置结果图

④设置文字样式：单击［格式］/［文字样式］，创建一个名为"fst"的文字样式书写汉字，创建一个名为"sz"的文字样式用于标注尺寸书写符号。具体见第6章。

第8章　园林施工图的专题练习　121

2）绘制图形

①画定位轴线

a. 将轴线图层置为当前层。

b. 用直线（L）绘制一水平线和一垂直线。

c. 用偏移命令（O）偏移直线。得图 8-19 所示。

②绘制墙线、柱

a. 将墙线图层置为当前层。

b. 用多线（ML）命令绘制墙线，对正方式为"无"，比例"S"为 240。

c. 进行多线编辑，编辑好后将多线分解。

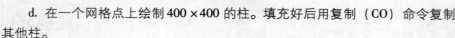

图 8-19　画轴线

d. 在一个网格点上绘制 400×400 的柱。填充好后用复制（CO）命令复制其他柱。

③绘制门窗

a. 用中心线偏移，确定门窗的位置。

b. 用修剪命令剪掉门窗位置的墙线。

c. 将门窗图层置为当前层，画上门窗，如图 8-20 所示。

④绘制各细部：台阶、花坛、散水等，如图 8-21 所示。

⑤标注尺寸

a. 将尺寸标注图层置为当前层。

b. 找出标注工具条。

c. 设置尺寸标注样式：打开标注样式管理器，新建一个样式名称为平面图。主要设置内容详见尺寸标注章节。

d. 标注尺寸：先用线性标注再用连续标注，注意使用对象捕捉、对象追踪和极轴等辅助工具，另外如果选择标注对象不方便，可以通过延伸、修剪或绘制直线命令绘制辅助线，用完后删除。

⑥注写文字

a. 将文本图层置为当前层。

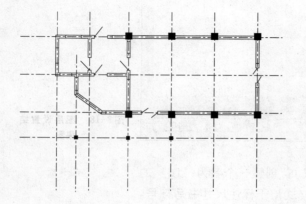
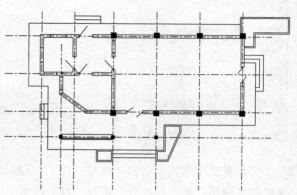

图 8-20　画墙、柱开门窗(左)

图 8-21　添加细部(右)

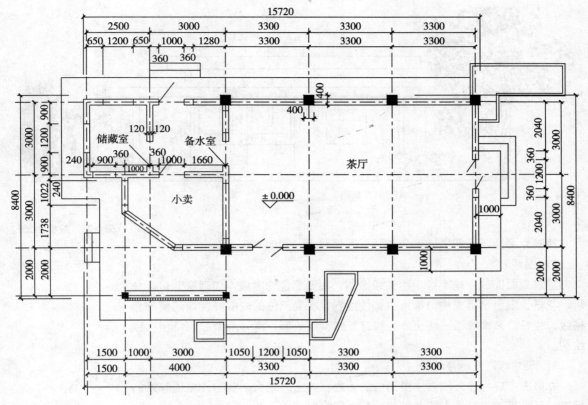

图 8-22 标注尺寸、注写文字

b. 打开文字样式对话框，选择"fst"样式。

c. 用单行文字（DT）命令，茶厅等字设 500 字高，门窗编号设 300 字高，图名一般设 1000 字高。相同文字可用复制命令。如图 8-22 所示。

⑦画轴号、剖切符号及其他

轴号先画一个半径为 400 的圆，可以创建带有属性的块；也可复制相同的轴号然后用文字修改命令修改。

⑧加图框和标题栏，检查无误后输出图纸。如前图 8-16 所示。

## 8.3.3 建筑立面图

（1）建筑立面图是在与建筑立面平行的投影面上所作的正投影图，如图 8-23、图 8-24 所示。它主要用于表示建筑的外部造型和各部分的形状及相互关系等。立面图可根据建筑两端的定位轴线编号命名，如①~⑨立面图等。或按朝向称为南立面图、北立面图、东立面图及西立面图，也可按建筑外貌特征称为正立面图、背立面图、左侧立面图和右侧立面图。现在一般以轴线命名为主。

（2）绘制要点与基本要求

1）选择比例

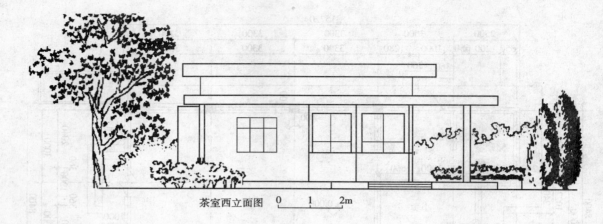

茶室西立面图　0　1　2m

图 8-23　茶室西立面

建筑立面图所采用的比例应与平面图相同，一般 1:100。

2) 图线

建筑立面图的外轮廓线用粗实线绘制；主要部位轮廓线，如门窗洞口、台阶、花坛、阳台、雨篷檐口等用中实线绘制，次要部位的轮廓线，如门窗的分格线、栏杆、装饰脚线、墙面分格线等用细实线绘制；室外地面线用特粗实线绘制。

3) 尺寸标注及标高标注

立面图中应标注外墙各主要部位的标高，如室外地面、台阶、屋顶等处的标高。尺寸标注应标注上述各部位相互之间的尺寸。

4) 绘制配景

根据建筑的周围环境，可在建筑立面图两侧及后部绘制一些配景以衬托建筑，如树木、山石等。

5) 注写比例、图名及文字说明等，如建筑外墙的装饰材料说明，构造做法说明等。

(3) 上机绘图主要过程

1) 绘图环境和平面图相同，一般画在同一文件名下，图层不够可随时添加。图形界限不够大可用图形界限命令重新设置一遍。

2) 绘制地平线、定位轴线、外墙轮廓等。

3) 绘制立面门、窗洞口、阳台、楼梯间、墙身及暴露在外面的柱子等可见轮廓线一并画出。

4) 画出门窗、雨水管、外墙分割线等立面图的细节。

5) 尺寸标注及标高标注，书写必要的文字说明等。

标高可创建带有属性的块（具体参见创建块章节）。

6) 绘制配景。

7) 加图框和标题。

8) 打印输出。

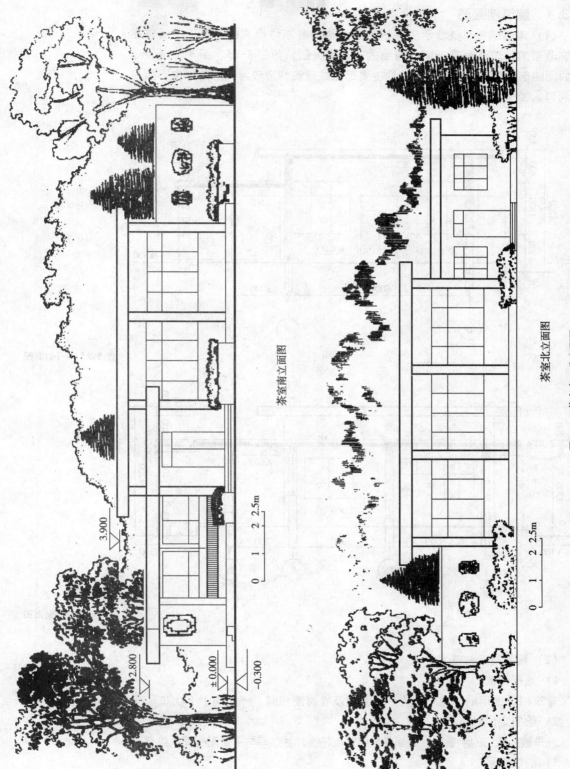

图8-24 茶室南、北立面图

### 8.3.4 建筑剖面图

（1）建筑剖面图是表示房屋的内部结构及各部位标高的图纸，是假想在建筑适当的部位作垂直剖切后得到的垂直剖面图，如图8-25、图8-26所示。剖面图的剖切位置应选择在建筑的主要部位或建筑构造较为典型的部位，如门窗洞口、楼梯间等。

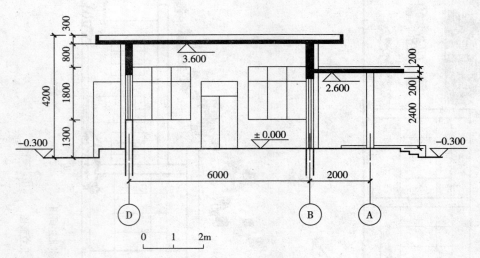

图8-25　1-1剖面图

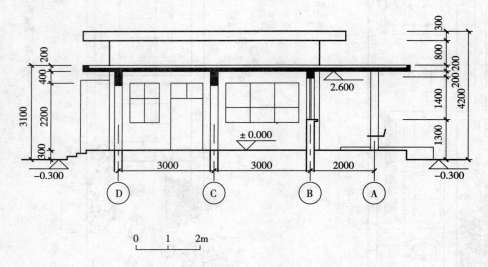

图8-26　2-2剖面图

（2）绘制要点与基本要求

1）选择比例

建筑剖面选用的比例一般应和平面图及立面图相同，一般用1∶100。

2）绘制定位轴线

凡是被剖切到的承重墙、柱都要画出定位轴线，并注写与平面图相同的编号。

3）剖切符号

必须在平面图中画出剖切符号，并在剖面图下方标注与其相同的图名。

4）图线

被剖切到的地面线用特粗实线绘制；其他被剖切到的主要可见轮廓线用粗实线绘制，如墙身、楼地面、圈梁、过梁、阳台、雨篷等；没有被剖切到的主要可见轮廓线的投影用中实线绘制；其他次要部位的投影等用细实线绘制，如栏杆、门窗分格线、图例线等。

5）尺寸标注

剖面图应标注承重墙或柱的定位轴线间的距离尺寸；垂直方向应标注外墙身各部位的分段尺寸，如门窗洞口、勒脚、窗下墙的高度、檐口高度、建筑主体的高度等尺寸。

图 8-27 画轴线

6）标高标注

应标注室内外地面、各层楼面、阳台、檐口、顶棚、门窗、台阶等主要部位的标高。

7）注写图名、比例及有关说明等。

（3）以图 8-26 所示的 1-1 剖面图为例，说明用 AutoCAD2004 绘制建筑剖面图的过程。

1）绘图环境和平面图相同，一般画在同一文件名下，图层不够可随时添加。图形界限不够大可用图形界限命令重新设置一遍。

2）绘制轴线，如图 8-27 所示。

3）绘制室内外地坪线，各层楼面、屋面，并根据轴线绘出所有被剖切到的墙体断面轮廓线及剖切到的可见墙体轮廓。

4）绘出剖切到的门窗洞口位置、女儿墙、檐口以及其他的可见轮廓线。梁的轮廓或断面，如图 8-28 所示。

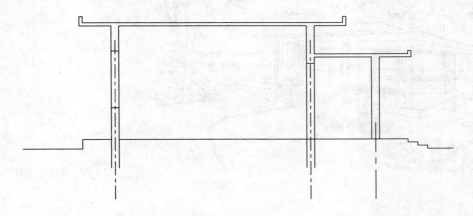

图 8-28 画墙、门窗

5）绘出可见立面门窗，如图 8-29 所示。

6）绘出其他一切见到的细节。

7）尺寸标注及标高标注，如图 8-30 所示。

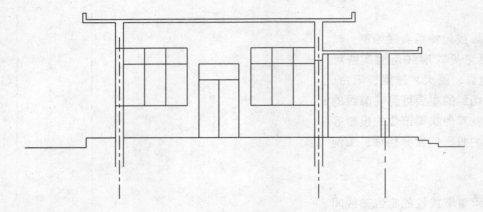

图 8-29 画门窗

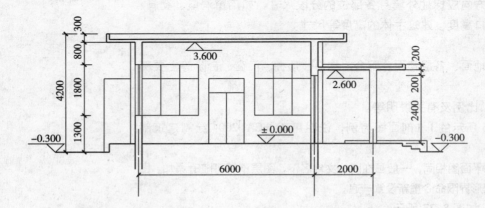

图 8-30 标注尺寸

8）画轴号、填充、书写必要的文字说明等，完成图 8-25 所示。

图 8-31 茶室透视图

绘图题
①练习上述园林施工图。
②绘制上述茶室平、立、剖面图。
③练习绘制如下图 8-32 ~ 图 8-36 所示。

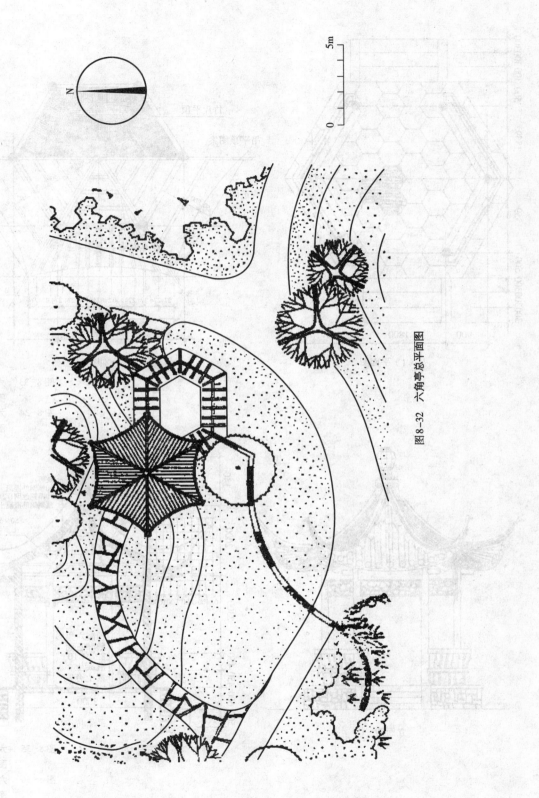

图8-32 六角亭总平面图

第8章 园林施工图的专题练习 129

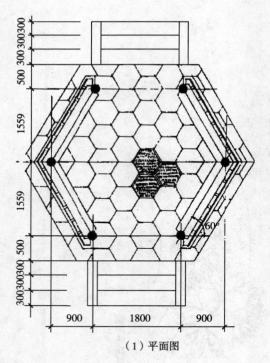

（1）平面图

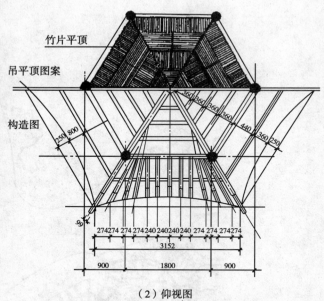

（2）仰视图

图 8-33　六角亭平面图（左）

图 8-34　六角亭仰视图（右）

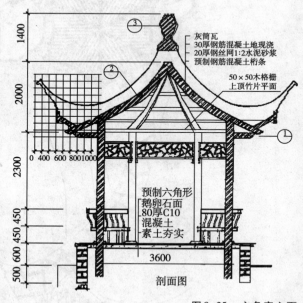

立面图　　　　　剖面图

图 8-35　六角亭立面图（左）

图 8-36　六角亭剖面图（右）

园林计算机辅助设计

第 9 章　Photoshop 的基础知识

## 9.1 认识 Photoshop

Photoshop 是一款非常出色的图像处理软件。关键在于它对颜色的处理和调整非常直观，恰恰对于图像来说，创建完美的色彩是很重要的，通过色彩来传递信息。好的色彩会给人以美的享受。在虚拟的数字影像里，人们往往拿真实的世界来进行对比评价，以至于对于我们这些设计工作者提出了更高的要求。

### 9.1.1 色彩的一些基本知识

对图像的色彩要有深刻的理解。下面我们就来学习 Photoshop 在色彩方面的一些知识。

（1）颜色模式

颜色模式在 Photoshop 中有以下几种：

RGB（红、绿、蓝）模式

CMYK（青、品红、黄、黑）模式

HSB（色相、饱和度、亮度）模式

CLE Lab 模式

1）RGB 颜色模式是我们生活中最熟悉的模式，就是以红、黄、蓝三原色按不同的配比来获取想要的颜色，而每种原色在 Photoshop 中有 256 种色值，这样我们就可以获得 $256 \times 256 \times 256 = 1.67$ 千万种颜色。虽然这只是自然界可见光中的一部分，但在图像处理上已经足够用了。

2）CMYK 色彩是一种减光模式，这里不作详述。CMYK 模式应用于印刷品，比如那种高分辨率的大幅广告。

3）HSB 模式是一种调节色彩比较好的模式，它按照色相、饱和度、亮度来定义颜色。主要基于人对颜色的感觉。H 色相，选择基本颜色；S 饱和度，选择色彩到黑白之间量的变化；B 亮度，图像的曝光程度。

4）Lab 模式，L 表示亮度，a 表示从深绿色到灰色再到亮粉红色的通道，b 表示从亮蓝色到灰色再到黄色的通道。这种混合方式理论上包含了人眼可以看见的所有颜色。所以 Lab 模式成为 Photoshop 里保存色彩最佳的模式，但是它是一个理论的颜色，没有相应可以输出的设备。所以可以用 Lab 模式编辑图像，转化成 RGB 或 CMYK 模式输出。

一般喷墨打印机的颜色文件都是基于 RGB 和 SRGB，所以我们出效果图都选用 RGB 模式。

（2）颜色的获取

1）如图 9-1、图 9-2 所示分别是 Photoshop 的拾色器和调色板。通过点取其中的颜色或调整数据来获取所需的颜色。提示：单击工具箱底部的颜色模块可以打开拾色器，点击菜单的窗口/色板可以打开调色板。

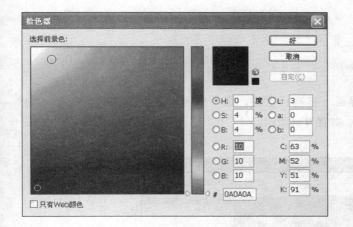
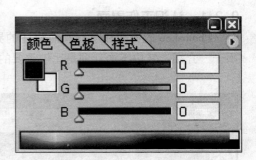

图 9-1 拾色器（左）
图 9-2 调色板（右）

2）模式的选择，打开调色板中右侧的菜单，如图 9-3 所示。

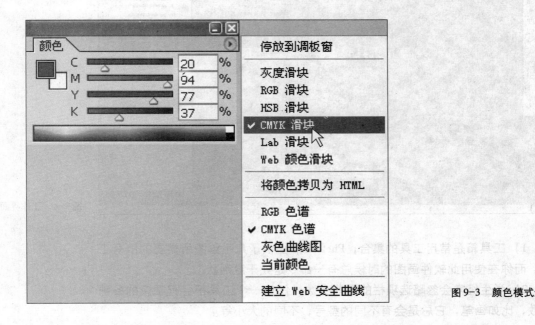

图 9-3 颜色模式选择

## 9.1.2 Photoshop 8.0 中文版的安装

对于软件的安装，我希望大家可以通过其他所有软件的安装来认识安装的基本步骤。不需要一遇到新的软件就通过好几个篇幅的学习来完成安装。等你安装完此软件，你的学习兴趣也就过去了。

软件安装主要分两种：

第一，自动弹出安装向导，你就跟着向导点击下一步就可以了。

第二，找到 setup.exe，安装，过程中需要序列号，在文件或光盘封面上能找到，安装完毕，找破解文件夹，看说明进行注册。

## 9.2 工作界面

### 9.2.1 认识工作界面

Photoshop 的界面和所有其他软件的界面一样有标题栏，菜单栏等，这里不一一介绍。其中下面几项是比较重要的，如图9-4所示。

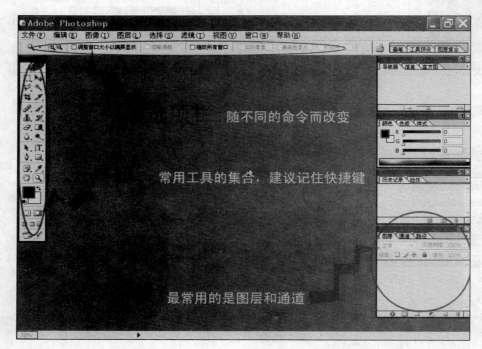

图 9-4 工作界面

1）工具箱是常用工具的集合，Photoshop 提供了几乎绘图所需要的所有工具。而你在使用此软件画图的时候总有一命令是处于激活状态。

2）学生经常会忽略选项栏的那些参数，任何一个工具都会有相应的各种参数，比如画笔，它总是会有不同的型号，不同的大小等。

3）命令面板主要是对图中的元素进行科学的管理。主要掌握图层和通道面板。

### 9.2.2 新建图像

新建图像：在你画图前，准备好了画笔、颜料等工具外还有一样重要的东西，那就是图纸，Photoshop 也一样，下面我们来看看如何获得一张图纸。基本上会有两种来源。打开已有的图片或新建。

1）打开已有的图片：Ctrl + o 或双击屏幕灰色区域，如图9-5所示。

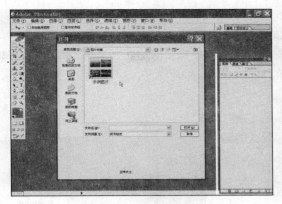 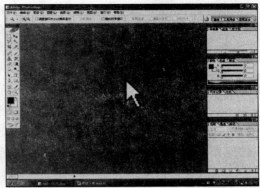

图 9-5　打开图片

2）新建：Ctrl + n 或点击文件/新建 出现对话框，框内有 3 项要特别注意，如图 9-6 所示。

注意：Photoshop 中图像的清晰度是务必在画图之前确定的，参考参数：

A3　　　300 以上 Dpi
A1　　　150 以上 Dpi

至此为止工作界面就已经就绪，可以开始工作了。

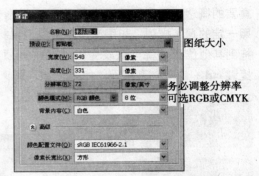

图 9-6　新建图像

## 9.2.3　设置工作环境

1）暂存盘：Photoshop 在处理图像时需要计算大量的数据，要求机器有很大的磁盘空间。这里出现一个词语叫虚拟内存，经常会出现虚拟内存过低的提示。Photoshop 会在硬盘上开辟暂存盘空间作为虚拟内存使用。单击菜单编辑/预设/增效工具与暂存盘。可以把除安装盘外的一个或多个硬盘设置为暂存盘。如图 9-7 所示。

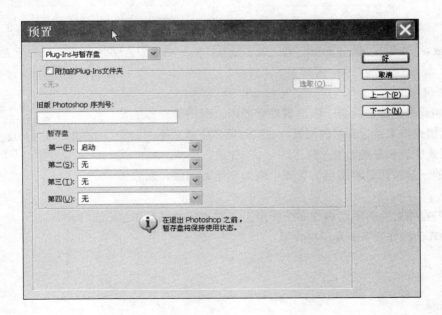

图 9-7　暂存盘

第 9 章　Photoshop 的基础知识　135

2）工作区的设置：由于电脑屏幕是有限的，我们可以关闭不常用的窗口，使工作区域最大化。点击菜单栏窗口/工作区内容，如图9-8所示。

## 9.3 常用工具

注意：这一章节主要介绍概念，快速浏览。不懂的暂时放过去。

### 9.3.1 图层

（1）图层面板（f7）在介绍工具的使用之前有一个更重要的概念，就是图层。图层就像一张张透明的纸，并按照一定的顺序排列，如图9-9。可以用鼠标左键按住图层，拖到其他位置，就可以改变图层的排列顺序，也可以用快捷键 ctrl + ［alt］来实现。如图9-10、图9-11 所示。

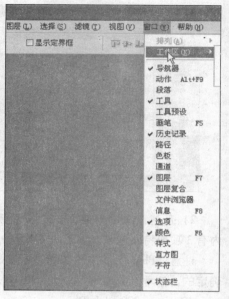

图9-8 工作区

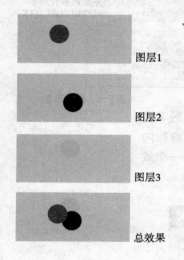

（2）图层的其他知识

1）默认会有一个叫背景的图层，是一张填满底色的纸，图层管理器的背景一栏带有一把锁，这锁是用来锁定图层的位置，在实际操作中意义不大。双击锁标可以打开它，背景层就和普通图层一样了。

2）图层面板底部的一排按钮是对图层的管理，例如创建新图层，删除图层，设置图层特性等。

3）特别注意在任何操作之前必须明确在哪个图层上。被选中的当前图层显示蓝色，有关图层的其他操作在下一章中再介绍。

图9-9 图层的概念（左）
图9-10 改变图层的顺序（中）
图9-11 改变图层的顺序（右）

## 9.3.2 选框工具

对于 Photoshop，在确定了当前图层后，绘图的所有工作都必须在某一个区域内完成，也就是说 Photoshop 要提供制作不同形式，而且灵活快速的选区工具。图 9-12 就是一些常用的选择工具，在后面的几章具体操作中我还会介绍到一些特殊的选择方法。

(1) 常用选框工具

1) 矩形、椭圆形（M）——（切换用 shift + M）（按 SHIFT 绘正方、正圆、按 ALT 从中心点扩展），直接用鼠标拖拉绘制。最常用的是矩形选框。取消选区（CTRL + D）——删除已有的选区。

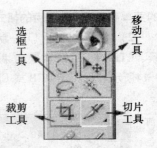

图 9-12 常用选框工具

2) 自由套索、多边形套索、磁性套索（L）——（切换用 shift + L），分别是自由拖拉形状，点击多点以得到多边形状，利用原有画面的颜色反差，能吸附反差的颜色边缘。最常用的是多边形套索。

3) 魔术棒（W）——根据颜色来选取区域；颜色范围参数调整见选项栏。

(2) 以上选框工具常用，务必掌握，下面对其他选框工具作简要说明。如图 9-13 所示。

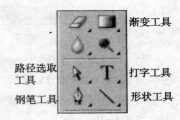

图 9-13 选框工具

1) 路径的构成——锚点（平滑点、拐角点、直角点）、线、面的组合。路径在 Photoshop 中随时变成选区。

2) 路径选择工具（A）——包含路径选择和子路径选择工具。路径选择工具用来选择整条路径（按 Shift 可加选多条）；子路径选择工具可选择路径上的控制锚点（按 Shift 可加选多点）；再进行各种操作。

3) 钢笔工具（P）——含有钢笔、自由钢笔、加锚点、减锚点、转换点工具。钢笔是点击绘制路径的；自由钢笔是拖拉绘制路径，加锚点、减锚点可在路径上加锚点和减锚点；转换点工具能改变锚点的类型。

4) 形状工具（U）——包含有矩形、圆角矩形、椭圆、星形、直线、自定形状六种工具。三种不同的生成方法（有填充的形状图层、单独的路径、直接的填充——即直接绘出图形，不由路径再控制）。其中自定义形状是须自己定义——先用路径工具得到想要的形状，再用编辑菜单下的定义，自定义形状定义。

(3) 这些选框工具都能混合运用，在你绘制好选区的基础上，再用选框工具对已有选区的相加、相减、交叉的掌握，做到自如控制（用键盘的 SHIFT 加选、ALT 减选、两个键齐按交叉的配合）。

## 9.3.3 文字工具

文字工具（T）——含有打字工具与字选区工具，打字工具用以打字，层新增一个文本层；字选区工具用以打文字形状的选区，不产生新层。

## 9.3.4 其他工具

1) 切片工具（K）——用来做网页的热区（超链接的设定），结合开始的菜单存为 WEB 所用的格式。用来制作简单的网页。

2）前、背景色（D—默认黑白状态）、切换（X）、填充（ALT＋DEL—前景、CTRL＋DEL—背景）。颜色（F6）—选择不同的色彩模式进行调色，如图 9-14 所示（保持用 RGB 或 CMYK 或调色的习惯）。

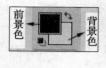 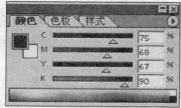 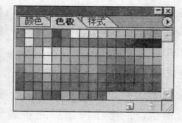

图 9-14　前、背景色（左）
图 9-15　颜色面板（右）

3）颜色面板（F6）——快速选取颜色，可保存自定义颜色。另有大量颜色库可调用。如图 9-15 所示。

4）拾色器——单击前景或背景出来的取色板，可自调颜色。另有色库调用。如图 9-16 所示。

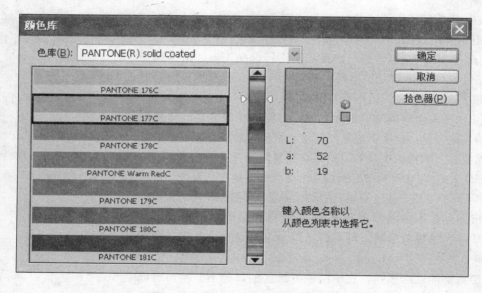

图 9-16　拾色器下的颜色库

5）渐变工具（G）——含有渐变和油漆桶工具。渐变工具有五种不同的渐变类型（直线、径向、角度、对称、棱形），是一种可一次拉出多种颜色的工具。直接拖拉即可，重在自己编辑（可在渐变编辑器中进行全面的编辑，保存）；油漆桶工具可填充前景色和图案（有容差设定），如图 9-17 所示。

6）注解工具（N）——含有文字注解与语音注解，不重要的工具。

7）取样工具（I）——含有吸管、取样、测量三个工具。吸管直接在图片里取色至前景（结合 ALT 取背景色）；取样工具结合信息面板看颜色的数值（可取四种颜色）；测量工具用来测量两点之间的距离及角度（配合 ALT）（结

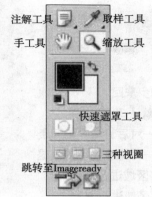
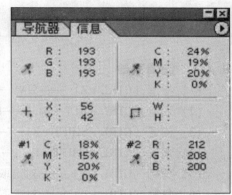

图 9-17 渐变编辑器（左）
图 9-18 取样等工具（中）
图 9-19 信息面板（右）

合信息面板查看数值），如图 9-18 所示。

8）信息面板（F8）——主要是能随时反应一些信息，如颜色信息与选区大小的信息，测量工具测到的数值，及取样工具取样的颜色值。如图 9-19 所示。

9）快速遮罩工具（Q）——含正常模式和遮罩模式。进入遮罩模式可将已有选区转成遮罩（或直接制作选取区），再进行修改，以完成较精确的选取范围，再转换成选区应用（通过颜色——黑白灰，来确定选取区的透明度）。

10）界面视图的所有工具和命令

①手工具（H）——双击可让视图适合屏幕、在画面放大后可移动画面；用其他工具时，按空格键可变为手工具。非常有用。

②放大镜工具（Z）——点击右键选择不同的方式。

③界面的三种不同方式（F）——普通模式、全屏模式、黑底模式。

④另按 TAB 来隐藏和显示工具和面板，按 SHIFT + TAB 来单独隐藏和显示面板。

⑤导航器（F8）——用来放大、缩小视图快速查看某一区域。

⑥校验颜色（CTRL + Y）——对不能打印出来的颜色以可打印颜色显示。

⑦覆盖警告（CTRL + SHIFT + Y）——以预设的颜色覆盖不能打印的颜色区域。

⑧放大（CTRL + +）——放大画面，缩小（CTRL + -）——缩小画面

⑨屏幕显示（CTRL + 0）——以屏幕工作区大小自动调整大小

⑩实际象素（CTRL + ALT + 0）——以屏幕分辨率来显示画面的分辨率，实际大小——即打印尺寸，以厘米计。

⑪显示隐藏全部（CTRL + H）——即对路径、选区、辅助线（CTRL + ;）、网格、切片的全部显示和隐藏。显示——可分别对以上各项分别设定。

⑫显示标尺（CTRL + R）——用来显示和隐藏页面标尺。

⑬全部吸附（CTRL + SHIFT + ;）——用来绘制选区时对网格、辅助线、切片、文本框的吸附，吸附——可分别对以上各项分别设定。

⑭锁定辅助线（CTRL + ALT + ;）——对已有辅助线的锁定（即不能再移动）。

清除辅助线——对已有辅助线的清除。

新建辅助线——可精确的通过数值来设定辅助线。

## 9.4 编辑菜单

### 9.4.1 编辑菜单

（1）撤消（CTRL + Z）——只有一步来回

（2）后退（CTRL + ALT + Z）——默认 20 个步骤

（3）回退（CTRL + SHIFT + Z）——对后退命令的回复

（4）消退（CTRL + SHIFT + F）——对滤镜功能的消退

（5）剪切（CTRL + X）——对选取区域进行剪切

（6）复制（CTRL + C）——对选取区域进行复制

（7）合并复制（CTRL + SHIFT + C）——对选取区域内所有看得见的图进行复制（可以是多个不想合并的图层）

（8）粘贴（CTRL + V）——对剪切复制的图进行粘贴（自动生成图层，并在层中心）

（9）粘贴入（CTRL + SHIFT + V）——对剪切复制的图进行粘贴，不同于粘贴的是可将图贴入选区里面。

（10）清除（DEL）——对选取区域的删除

（11）填充（SHIFT + 退格键）——可设定是填充前景、背景、图案或历史记录与黑白灰。

（12）描边——对选框的边线进行描绘，可自选颜色、控制宽度，另选框可羽化。能制作出很好的特效。

（13）自由变换（CTRL + T）——对某层画面进行变换、或对某层里的选取区域进行变换，直接拖拉变换框可放缩（按 SHIFT 可约束比例，ALT 可让中心点不变）；将鼠标放罩在变换框外可旋转（按 SHIFT 可约束一定角度，中心点可移动）；按 CTRL 键再变换可得到扭曲效果；按 CTRL + ALT 可得到斜切效果；按 CTRL + SHIFT + ALT 可得到透视效果。

（14）变换—含有

再次变换（CTRL + SHIFT + T）——对上次的变换再次变换。

缩放——用此命令后只能控制缩放

旋转——用此命令后只能控制旋转

斜切——用此命令后只能控制斜切

扭曲——用此命令后只能控制扭曲

透视——用此命令后只能控制透视

旋转 180°、旋转 90°（顺时针和逆时针）——用这些命令即直接旋转

水平翻转——可令画面镜向，类似对称即像照镜子一般。水平即只能在水平线上镜向（即左右）。

垂直翻转——可令画面镜向，类似对称即像照镜子一般。垂直即只能在垂直线上镜向（即上下）。变换里的子项在自由变换工具用快捷键可得到。

另外在用变换时用快捷键 CTRL + ALT + T，在你变换之后可得到一个复制品，再用 CTRL + SHIFT + ALT + T 可得到连续的复制。

（15）参数预设（CTRL + K）——大部分采取默认即可。

（16）历史面板（F8）——记录操作过的步骤（默认 20 步）。可用快照对面板中某一步骤长久的保存；可用新文档功能把面板中某一步骤存成一个新的文件。

### 9.4.2　图像菜单

图像菜单——对图像模式的更改，调整图片的所有命令，图像、画布的大小、变换的控制及一些重要功能。

（1）模式——各种模式的更改（位图、灰度、双色调、索引色、RGB、CMYK、LAB、多通道），只要知道最后把图转成 CMYK 就可以了，其他的都不是很重要

（2）通道——8 位通道（正常）和 16 位通道（产生较好的色泽，但不能再编辑）之间的差别

（3）调整——对图片色彩、明暗度的所有调整命令

（4）色阶（CTRL + L）——调图片的明暗度与对比度，较多的控制功能

（5）自动色阶——（CTRL + SHIFT + L）——自动调一下，不出对话框

（6）自动对比度——（CTRL + SHIFT + ALT + L）——自动调一下对比度，不出对话框

（7）曲线（CTRL + M）——与色阶功能大致相同，较灵活

（8）色彩平衡（CTRL + B）——可较直观的对图片加各种颜色，好用的命令

（9）亮度与对比度——没有色阶和曲线来的多的控制功能，对色彩不多的图可应用

（10）色相与饱和度（CTRL + U）——可调各种色调以及单色的调整，特别好用的命令

（11）去色（CTRL + SHIFT + U）——把图片的颜色都去掉，只剩灰度了

（12）替换颜色——把选择菜单下的颜色范围和色相与饱和度放在一起进行作用

（13）可选颜色——用六原色与黑白灰的九种指定颜色进行调整

（14）通道混合器——通过这个命令相当于对某通道的单独调整，很好的命令

（15）渐变映射——通过图片的明暗分布把指定的渐变映射到图片上产生特殊效果

（16）反相（CTRL + I）——把图片的颜色变为相反的颜色（如黑变白、青变红、绿变洋红、蓝变黄）

（17）色调均化——把当前图进行颜色平均，不出对话框

（18）黑白控制——把图片变为只有黑白两色，可控制各占多少比例

（19）色调分离——把图片按指定的级进行分离，生成特殊效果

（20）复制——把当前图复制一个新文件，保留所有数据

（21）图像大小——可以调整图片的大小，与画布同时改变，分辨率的修改

（22）画布大小——只调画布的大小，对层里的图不影响

（23）旋转画布——对整个图，进行一些改变（正负90度、任意角度（配合工具箱的标尺）、水平镜像、垂直镜像）

（24）剪切（c）——把某一选取区域以外的全部删除，连同画布

（25）修剪——可把层的一些透明区删除，连同画布

（26）展示全部——把比当前画布大的图完全显示出来，同时也改变画布

（27）补漏白——在CMYK模式下才可用，用之后所有层合并

（28）柱状图——用来观察图片的明暗分布，以便有数修改

### 9.4.3 滤镜菜单

滤镜菜单——一些光怪陆离、变换万千的特殊效果，一个简单的命令就可完成，能起到画龙点睛的作用，不再累诉。

## 复习思考题

一、问答题

1. 在新建图像时，为什么图纸越大，所需的像素反而可以越小？

2. 矢量图与标量图的区别？Photoshop所绘制的是矢量图还是标量图？该注意什么？

3. 如何使用空格键？

4. 如何制作选框，增加或减少选区？如何选择图层中的所有内容？

二、作图题

运用选区和填充工具，把下图的主要空间与辅助空间用不同的颜色区分出来。可以参考第10章的内容。

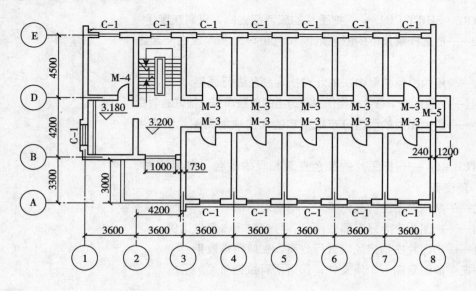

图9-20 某办公室平面图

园林计算机辅助设计

第 10 章 实 例

## 10.1 从 CAD 导入到 Photoshop

### 10.1.1 创建虚拟打印机

设置虚拟打印机，同时设定图纸——用虚拟打印机打印——用 Photoshop 打开虚拟打印的 EPS 文件。现在我们要来制作一幅某厂房入口广场平面图，图幅 A3，比例 1∶500。

（1）打开 CAD 图（10 - 平面图.DWG）

（2）文件/打印机管理器出现对话框如图 10-1 ~ 图 10-8 所示。

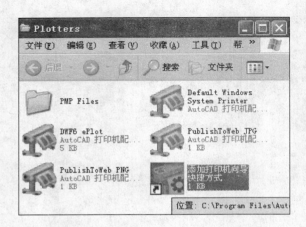

图 10-1 打印机管理器（右）
图 10-2 添加打印机向导（左）

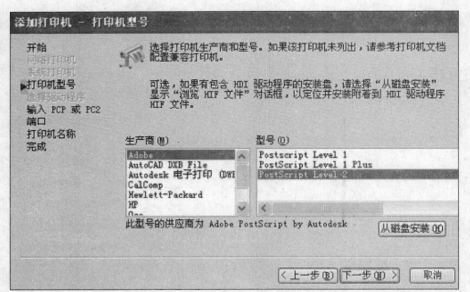

图 10-3 选打印机型号

打开选择添加打印机向导，在点击下一步的过程中，如图选择打印机型号，端口（选择打印到文件），打印机名称，编辑打印机配置（选择自定义图纸尺寸——点击添加，以下略）。

点击完成，在打印机管理器下添加了一个名为 A3 打印机的程序。

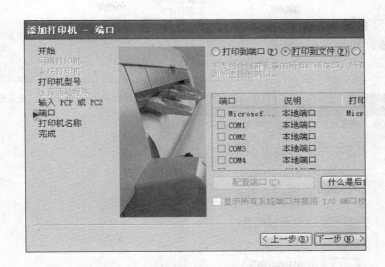

图 10-4 选择打印到文件的端口

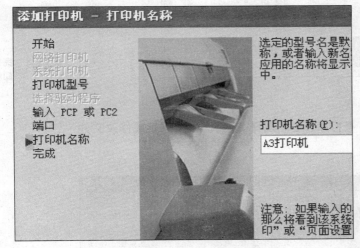

图 10-5 设置打印机名称

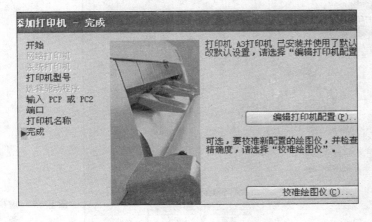

图 10-6 编辑打印机配置

自行完成图纸尺寸的定义。完成后点击确定回到图 10-2 添加打印机向导文件夹,可以发现新增加的打印机程序。

至此,虚拟打印机的设置与图纸的设置完成。关闭打印机管理器,回到 CAD 操作界面。

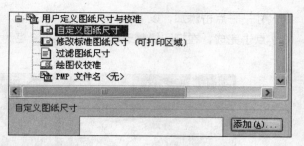

图 10-7 定义图纸尺寸

图 10-8 完成虚拟打印机的创建

### 10.1.2 虚拟打印

1）文件/打印（Ctrl + p）在打印设备下选择 A3 打印机并记下或修改文件名和路径。如图 10-9 所示。

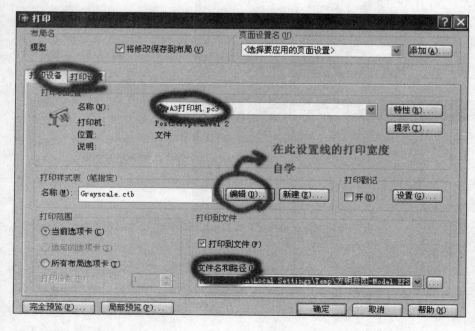

图 10-9 虚拟打印设备

2）在打印设置下选择自定义的图纸，点击窗口，选择要打印的区域，选择完自动回到打印界面。点击预览或确定，完成虚拟打印。如图 10-10 所示。

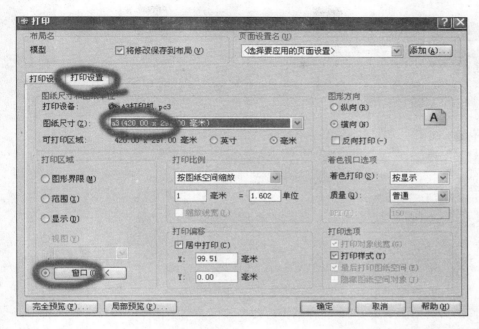

图 10-10　打印设置

### 10.1.3　其他转换方法

（1）直接保存图像法

适用于对图像质量要求不高的情况，可以直接保存成 BMP，TGA 或 Tiff 格式。命令工具/显示图像/保存，如图 10-11、图 10-12 所示。

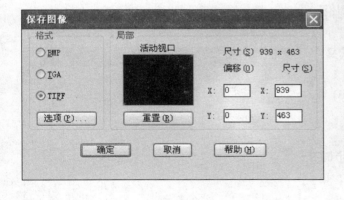

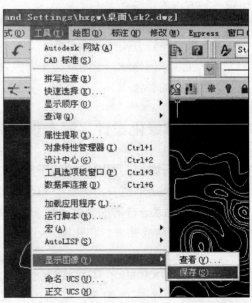

图 10-11　保存图像工具（左）

图 10-12　保存图像对话框（右）

（2）虚拟打印的其他格式

Tiff 格式，对比图 10-13 选打印机型号，生产商选择光栅文件格式，型号选择 Tiff version 6 不压缩。

（3）借助其他软件

第 10 章　实例　147

如：snap 截图软件，键盘中的 prtscr sysrq 键来完成 CAD 到 Photoshop 的转换。建议大家掌握好上述介绍的虚拟打印法。

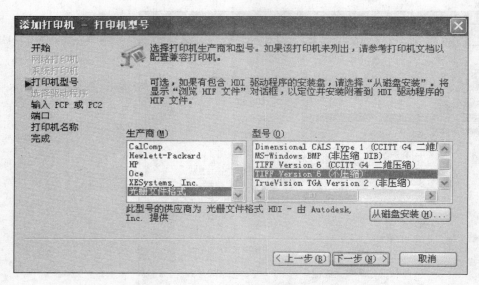

图 10-13　虚拟打印 Tiff 格式

练习：1）用不同的方法把图 8-2.DWG 文件的内容转换成图像格式，并比较各种方法的优缺点。

2）尝试运用第九章的知识整理练习题 1，要求如下：
①背景色与线分离
②标注线和网格线，道路线，文字线各自为一个图层，其他为一个图层
③修改线的颜色

## 10.2　园林绿化设计平面表现图制作

### 10.2.1　打开虚拟打印出来的 EPS 格式文件

1）用 Photoshop 打开打印出的 EPS 格式文件。

2）特别注意分辨率的调整，到此从 CAD 导入到 Photoshop 的转换完成。如图 10-14 所示。

### 10.2.2　在 Photoshop 中完成选区及初步填充

1）创建一个新的图层，取名为背景，填充（ctrl + ]）白色。把背景图层移动到最底部。

创建名为建筑的图层，移动到图层 1 的下面。如图 10-15 所示。

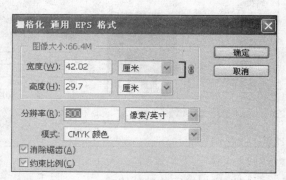

图 10-14　打开 eps 格式图

图 10-15 创建背景图层

2）使用多边形套锁工具（L）分类选出建筑轮廓，填充（图 10-18）（ctrl + backspace）一种颜色，分别保存好选区（注意：在做选区时请查寻上一章节的内容），以便修改颜色，如图 10-16 和 10-17 所示。

3）通过相同的方法逐个选出道路、铺地、绿地、水体等，逐个保存，并在新图层上填充颜色。如图 10-19 所示。

4）使用通道，按住 Ctrl 键，用鼠标点击所需的选区名。可以摘入保存的选区，来修改颜色。如图 10-20 所示。

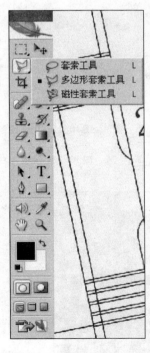

图 10-16 选框工具

图 10-17 保存选区

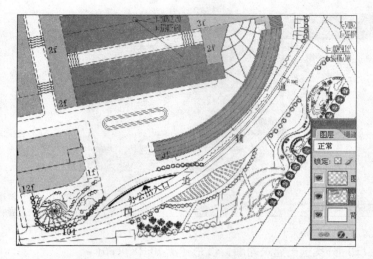

图 10-18 填充

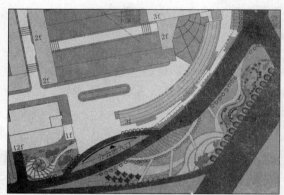

图 10-19 完成选区工作

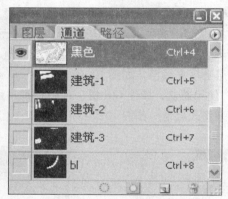

图 10-20 通道的使用

## 10.2.3 完成细部处理

1）建筑阴影。建筑阴影是让画面有立体感的关键。摘入建筑 1 选区，新建图层，取名阴影 1，在新图层上填充黑色，把阴影图层放在建筑图层下。按住 **Ctrl + Alt**，用向上与向左方向键来回按，复制出影阴。如图 10-21 所示。

图 10-21 阴影绘制（左）

图 10-22 画笔（右）

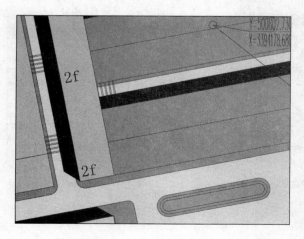

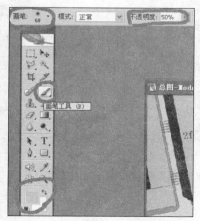

2）水体的处理。水体的光感会使画面产生活泼的变化。使用画笔工具（B）调整前景色为浅蓝色，趋近白色。设置不透明度为50，并改变画笔的大小。如图10-22所示。

载入"水体"选区，在水体边缘刷出高光。如图10-23所示。

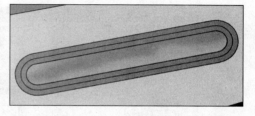

图10-23　水体效果

3）给硬质地添加材质。制作铺地的方法很多，可以在CAD里画好分格线，在ps里填充颜色，也可以使用材质库的图片填充选区等。下面我们来学习第二种方法。

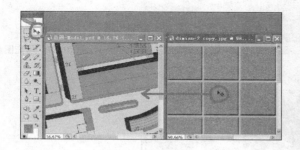
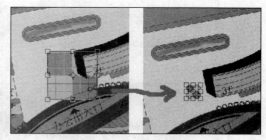

图10-24　添加材质（左）

图10-25　调整材质尺度（右）

①打开铺地1.jpg文件。把打开的材质图片移动（v）到总图里，如图10-24所示。

②调整材质的尺度。Ctrl+T，按住Shift用鼠标调整大小。如图10-25所示。

③矩形选框（M）选择材质，菜单编辑/定义图案，确定。这样就定义好了所选的图案了。如图10-26所示。

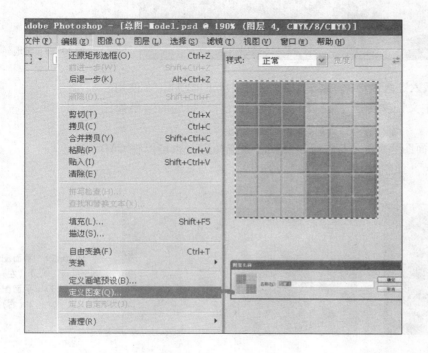

图10-26　定义图案

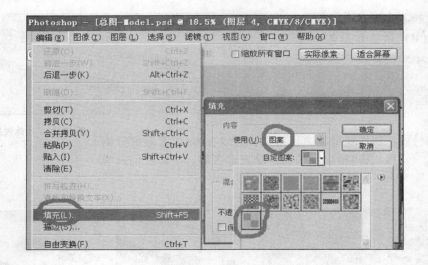

图10-27 填充图案

图10-28 铺地

④在颜色图层，载入选区铺地1，菜单编辑/填充（Shift + F5），在使用一栏，选取图案，在自定义图案中选区图案1。如图10-27，完成的结果如图10-28所示。

4）配景树，给平面图添加配景树，可以从图库里选树形，也可以在CAD里选好，ps里添加颜色。如图10-29与图10-30所示。

图10-29 平面配景树1（左）
图10-30 平面配景树2（右）

5）草地的处理。草地往往占地面积大，所以它对最终的效果影响很大。可以像制作水体一样，用画笔刷出光泽感以及地的高低起伏，或像添加铺地一样给一张草地的照片。结果如图 10-31 所示。

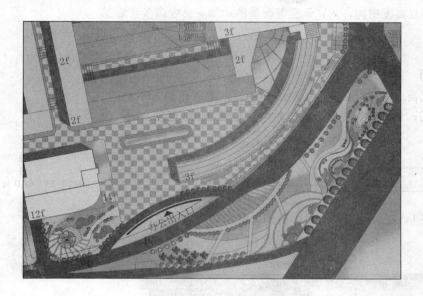

图 10-31 草地

### 10.2.4 排版

剪裁（C），通过剪裁去掉多余的部分，突出重点，重新构图。

添加文字（T），如图 10-32 所示。

说明：在编辑文字时要注意信息栏，你想要的一切都在那里。

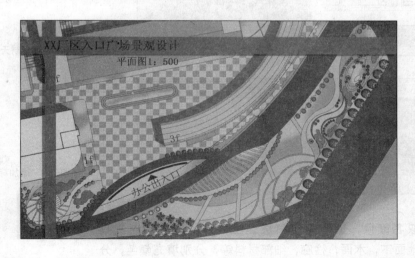

图 10-32 排版

练习：继续完成上一节的习题，1）用颜色区别出铺地、车行道路、人行道路、绿地、树木、小品，并保存各自的选区。

2）运用画笔工具参考图 10-22 画笔，完成绿地、树木等的光线效果处理。

3）完成排版。

第 10 章 实例 153

## 10.3 园林绿化设计剖立面表现图制作

这一节主要来讲解立面图中树，人，天空等配景的添加。命令请多查看第9章的基础知识。

### 10.3.1 天空，地面

1）打开（10-剖立面.DWG）文件，如同上一讲，把图转化为 EPS 格式。在 ps 中打开 eps 格式图，创建背景图层，填充白色。如图 10-33 所示。

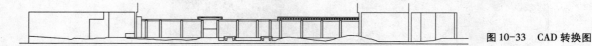

图 10-33　CAD 转换图

2）打开配景/天空1，把天空移动（V）到剖面图。如图 10-34 与 10-35 所示。

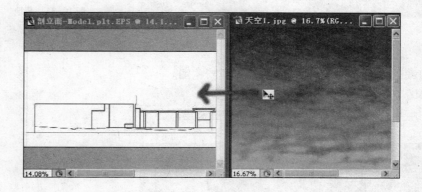

图 10-34　复制天空

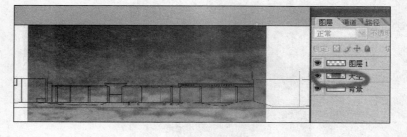

图 10-35　添加背景效果

3）创建新图层，取名颜色，置于天空图层之上，用多边形套锁工具（M），分别选择建筑，地面下，水面，柱廊，细部材料等，分别填充颜色，分别保存选区。如图 10-36 所示。

4）运用画笔工具（B），给各色体增加光感。给墙面等添加的材质如图 10-37、图 10-38 所示。

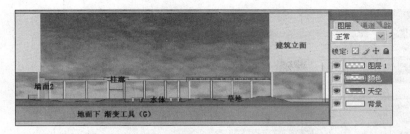

图10-36 填充平涂颜色

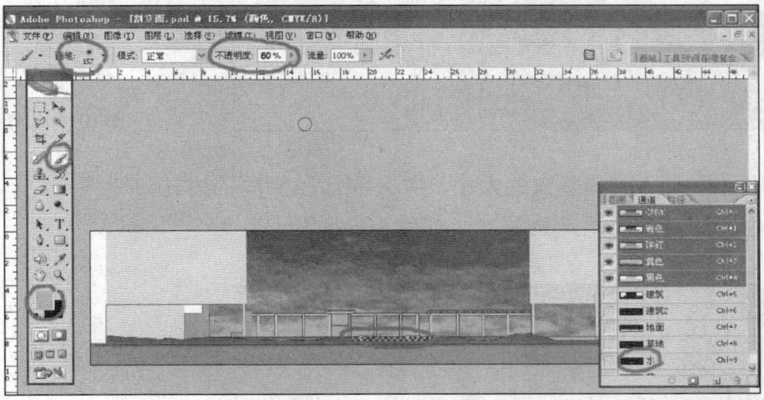

图10-37 画笔

图10-38 增加光感效果

## 10.3.2 添加灌木、乔木、人物等配景

1）打开配景/树2，用魔棒工具（W），容差0，取消连续功能，选取黑色区域，并反选（Shift+Ctrl+i），把选上的树移动到剖立面图中，如图10-39所示。

2）按住Ctrl，点击树图层名，选择树，在菜单选择/修改/边界下，像素为1，选择了1像素的边界。点击滤镜/模糊/高斯模糊来模糊树的边界。如图10-40所示。

图10-39 复制配景树

第10章 实例 155

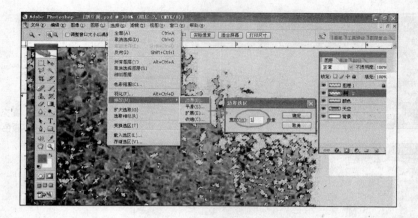

图 10-40 修改边界

3）通过编辑/自由变化（Ctrl+t）调整树的大小，并复制。以相同的方法添加配景/树1。让树在颜色图层前和后，产生层次。如图 10-41 所示。

图 10-41 调整配景尺寸

4）下面我们来制作灌木，经常我们手上会缺少想要的配景，但是，只要通过思考是可以自己创造的。选择图层树2。用矩形选框工具（M），设置羽化值为50，在树尖上做一选框，按住 Ctrl+移动（V）复制，如图 10-42、图 10-43 所示。

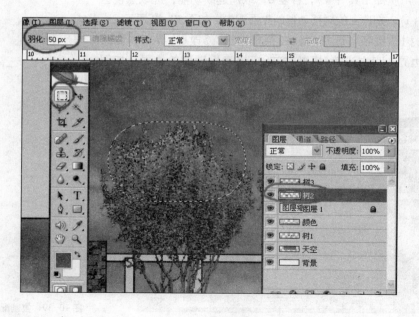

图 10-42 制作灌木

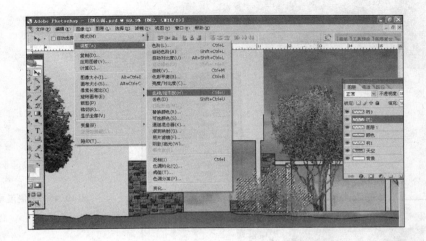

图 10-43 制作灌木

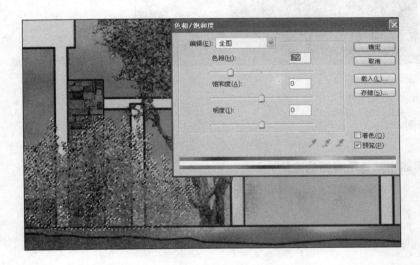

图 10-44 调整色相和饱和度

5) 通过菜单/图像/调整/色相和饱和度（Ctrl + u）来调整颜色。如图 10-44 所示。

6) 按 Ctrl + c 复制，按 Ctrl + v 粘贴，复制树的同时创建新图层，取名灌木。给灌木图层一个 80% 的透明度。继续复制图层，不时的改变色相和饱和度（u）来获取丰富的色彩。结果如图 10-45 所示。

7) 人物配景的添加，同树木的添加一样，不同的是要特别注意人体的尺度，过高或过矮都会给画面带来失真的视觉，建议拿建筑物当参照物。这一步骤自行完成，这里不再叙述。

8) 最终结果如图 10-46 所示。

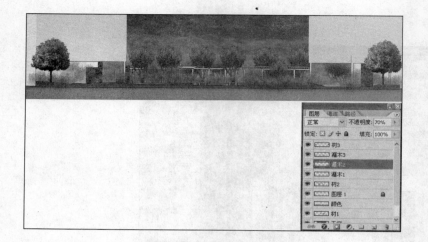

图 10-45 复制灌木

图 10-46 完成

作图题
1. 完成上述平立面图
2. 完成排版
3. 完成 CAD 章节习题中其他所有图的渲染

# 参考文献

[1] 马晓燕主编. 园林制图. 北京：气象出版社，2004.
[2] 宋安平主编. 建筑制图. 北京：中国建筑工业出版社，1997.
[3] 彭敏，林晓新. 实用园林制图. 广州：华南理工大学出版社，1997.
[4] 徐峰主编. AutoCAD 辅助园林制图. 北京：化工出版社，2006.
[5] 王华康主编. 循序渐进 AutoCAD2004 实训教程. 南京：东南大学出版社.
[6] 邢黎峰主编. 园林计算机设计教程. 北京：机械工业出版社，2004.
[7] 石文旭主编. Photoshop 8.0 案例教程上机指导与练习. 北京：电子工业出版社，2005.